普通高等院校"十二五"规划教材

应用数学

主　编　沈大庆
副主编　沈利英　刘亚轻　崔艳英

国防工业出版社
·北京·

内 容 简 介

本书介绍应用数学的部分内容,包括差分方程、插值与拟合、线性规划、非线性规划和多目标决策、对策论、动态规划、层次分析、图论、模糊数学、灰色系统和神经网络。各部分仅涉及基本概念和简单应用,并尽可能使用 Matlab 软件进行计算。

本书适合应用型高校非数学专业使用,也可作为学生自学应用数学的参考书。

图书在版编目(CIP)数据

应用数学/沈大庆主编. —北京:国防工业出版社,2015. 8

ISBN 978 - 7 - 118 - 10451 - 6

Ⅰ. ①应... Ⅱ. ①沈... Ⅲ. ①应用数学 - 高等学校 - 教材 Ⅳ. ① 029

中国版本图书馆 CIP 数据核字(2015)第 194087 号

※

国防工业出版社出版发行

(北京市海淀区紫竹院南路 23 号　邮政编码 100048)

天利华印刷装订有限公司印刷

新华书店经售

*

开本 787 × 1092　1/16　**印张** 11¼　**字数** 253 千字

2015 年 8 月第 1 版第 1 次印刷　**印数** 1—4000 册　**定价** 28. 00 元

(本书如有印装错误,我社负责调换)

国防书店:(010)88540777　发行邮购:(010)88540776

发行传真:(010)88540755　发行业务:(010)88540717

PREFACE | 前言

本书是作者尝试应用型大学数学教学内容改革的第三本教材。本书对部分应用数学的内容做了介绍，包括差分方程、插值与拟合、线性规划、非线性规划和多目标决策、对策论、动态规划、层次分析、图论、模糊数学、灰色系统和神经网络。

数学产生于生产和社会实践，解决实际问题是数学天生的功能。在相当长的时期内，人们的主要兴趣是将数学应用于各种自然现象的研究，而后人们又发现社会现象和人类思维存在数量关系上的规律性，也可以应用数学加以研究。但数学思维的逻辑性、抽象性的特征使得数学一经产生就具有特殊的与现实世界相脱离的"纯粹数学"的形态存在。尽管如此，一直以来"纯粹数学"与"应用数学"是不分家的。20 世纪以前的数学家都同时从事"纯粹数学"与"应用数学"两方面的研究。20 世纪之后，数学的哲学观念有了急剧变化，过分强调数学基础的牢靠，形式的严谨，把数学带到更抽象、更严密、更功利化的方向，使数学和应用几乎无关。出现了"纯粹数学"与"应用数学"相分离的趋势。伟大的数学家冯·诺伊曼曾经说过："数学观念起源与经验，……当一个数学学科离开经验源泉相当远的时候，或者经过不断'抽象'的近亲繁殖之后，就会使教学学科处于退化的危险之中。"忽视应用的危险，在 20 世纪初的数学研究中的确存在。直到第二次世界大战，为战胜法西斯，许多纯粹数学家参与了解决实际问题的工作。社会的需要就是最高的命令，这样，应用数学才又开辟出许多全新的领域。第二次世界大战后，特别是电子计算机科学与技术得到发展以后，数学几乎渗透到各个领域。数学与其他学科交叉的新学科层出不穷。产生了许多的有效地解决实际问题的应用数学的方法和技术。面对应用数学蓬勃发展的局面，我国应用型高校现行的数学教育缺少普遍的介绍，这不能不是数学教育上的一个缺陷。弥补这一缺陷正是编写本书的初衷。

本书介绍了多个应用数学分支的基本概念和简单应用，并注意了与 Matlab 软件相结合的计算。旨在使学生对数学的科学理论是解决实际问题的有力工具有进一步的认识，同时初步掌握一些用应用数学解决实际问题的方法。

本书第一、二章由马吉臣编写，第三章由李繁荣编写，第四、五章由沈利英编写，第六、七章由张红宁编写，第八、九章由崔艳英编写，第十、十一章由刘亚轻编写。

编者衷心希望广大的读者对本书中的缺点和不足之处提出批评和指正。

CONTENTS | 目录

第一章　差分方程

1.1　常系数差分方程 …… 1
一、差分方程的基本概念 …… 1
二、常系数线性齐次差分方程 …… 2
三、常系数线性非齐次差分方程 …… 3
四、一、二阶常系数线性非齐次差分方程的特解 …… 3
1.2　差分方程的平衡点及其稳定性 …… 5
一、一阶常系数线性差分方程 …… 5
二、二阶常系数线性差分方程 …… 6
三、一阶非线性差分方程 …… 6
1.3　差分方程的应用 …… 7
一、养老基金模型 …… 7
二、购房还贷模型 …… 8
三、田野动物平衡模型 …… 9
四、Leslie 种群年龄结构的差分方程模型 …… 10
五、蛛网模型 …… 12
习题一 …… 14

第二章　插值与拟合

2.1　一般插值问题 …… 15
一、插值与插值函数 …… 15
二、分段插值 …… 15
2.2　数据拟合方法 …… 21
一、最小二乘拟合 …… 21
二、用 Matlab 解曲线拟合问题 …… 22
2.3　拟合应用 …… 27
一、给药方案问题 …… 27
二、水塔流量估计问题 …… 29
习题二 …… 32

第三章　线性规划

3.1　线性规划的数学模型 …… 34
一、线性规划问题的数学模型 …… 34
二、线性规划问题的图解法 …… 36
3.2　一般线性规划问题的 Matlab 软件求解 …… 37
3.3　线性规划问题的几类应用模型 …… 38
习题三 …… 46

第四章　非线性规划与多目标决策

4.1　非线性规划模型 …… 48
一、非线性规划模型的基本概念 …… 48
二、几点注意 …… 49
4.2　非线性规划的 Matlab 解法 …… 49
4.3　多目标决策 …… 51
4.4　多目标决策的方法 …… 53
一、化多目标为单目标的方法 …… 53
二、理想点法 …… 55
习题四 …… 57

第五章　对策论

5.1　对策论的基本概念 …… 58
一、对策的三个基本要素 …… 58
二、对策的数学模型 …… 59
5.2　矩阵对策 …… 60
一、矩阵对策的数学模型 …… 60
二、矩阵对策的解 …… 60
三、矩阵对策基本定理和解的性质 …… 65
四、矩阵对策的线性规划解法 …… 65
习题五 …… 70

第六章　动态规划

6.1　动态规划的模型 …… 71
一、动态规划模型的例子 …… 71
二、决策过程的分类 …… 72
三、动态规划的基本概念和基本方程 …… 72
6.2　动态规划的几个实例 …… 74
一、最短路线问题 …… 74
二、生产计划问题 …… 75

三、资源分配问题 …… 75
6.3　动态规划的解法 …… 76
附录 …… 81
习题六 …… 83

第七章　层次分析

7.1　矩阵的特征值 …… 84
一、矩阵特征值的基本概念 …… 84
二、特征值、特征向量的求法 …… 84
7.2　层次分析的一般方法 …… 85
一、层次分析法的原理与步骤 …… 85
7.3　层次分析法的应用 …… 89
习题七 …… 95

第八章　图论

8.1　图论的基本概念 …… 97
一、图的概念 …… 98
二、子图 …… 100
8.2　图的矩阵表示 …… 101
一、关联矩阵 …… 101
二、邻接矩阵 …… 101
8.3　最短路问题及其算法 …… 102
一、最短路问题的 Dijkstra 算法(狄杰斯特算法) …… 103
二、改进后的 Dijkstra 算法 …… 105
8.4　最小生成树问题及其算法 …… 106
附录 …… 108
习题八 …… 110

第九章　模糊数学

9.1　模糊数学的基本概念 …… 112
一、模糊集与隶属函数 …… 112
二、隶属函数的常见类型 …… 115
9.2　模糊综合评判法 …… 116
9.3　模糊综合评判的应用 …… 118
习题九 …… 123

第十章　灰色系统

10.1　灰色系统的基本概念和灰色生成 …… 124

10.2 灰色系统预测模型 …… 125
10.3 灰色预测模型的应用 …… 128
一、货币流通量的预测 …… 128
二、技术进步的预测 …… 130
10.4 灰色预测模型的拓广及其应用 …… 131
一、“L-Q”灰色预测模型 …… 131
二、“L-Q”预测模型在管理中的应用 …… 134
习题十 …… 138

第十一章 神经网络

11.1 神经网络基本理论 …… 140
一、生物神经元模型 …… 140
二、人工神经元模型 …… 141
11.2 感知器 …… 141
一、感知器神经元模型 …… 141
二、感知器神经网络的学习规则 …… 142
三、重要的感知器神经网络函数的使用方法 …… 143
四、感知器神经网络应用举例 …… 144
11.3 线性神经网络 …… 145
一、线性神经元模型 …… 145
二、线性神经学习网络的学习规则 …… 146
三、重要线性神经网络函数的使用方法 …… 147
四、线性神经网络的应用举例 …… 148
11.4 BP 网络 …… 149
一、BP 网络的网络结构 …… 150
二、BP 网络学习规则 …… 151
三、重要 BP 神经网络函数的使用方法 …… 153
四、BP 网络的应用举例 …… 154
※11.5 反馈网络 …… 156
一、Hopfield 网络的结构 …… 156
二、Hopfield 网络运行规则 …… 157
三、重要的反馈网络函数 …… 159
四、反馈网络应用举例 …… 159
习题十一 …… 160
习题参考答案 …… 162
参考文献 …… 171

第一章

差分方程

在政治、经济和社会等领域中，许多实际问题的数学模型（实际问题的数学表示形式）中的变量都是取一些离散的值。有的数学模型中的变量虽然取连续的值，但数学模型往往比较复杂，需要用计算机求数值解，即将变量的取值视为取离散的值。其中，大多数问题都最终转化为求解差分方程的问题。因此，关于差分方程的理论和求解方法在解决实际问题中起着重要作用。

1.1 常系数差分方程

一、差分方程的基本概念

含有数列$\{x_n\}$中的前$n+1$项$x_i(i=1,2,\cdots,n)$的方程称为差分方程。使差分方程成立的数列$\{y_n\}$称为差分方程的解。差分方程中未知数列的下标的最大差值称为差分方程的阶数。

先看一例：

设A_0是初始存款（$t=0$时的存款），年利率$r(0<r<1)$，如以复利计息，试确定t年末的本利和A_t。

在该问题中，如将时间t（t以年为单位）看作自变量，则本利和A_t可看作是t的函数：$A_t=f(t)$。这个函数是要求的未知函数。虽然不能立即写出函数关系$A_t=f(t)$，但可以写出相邻两个函数值之间的关系式

$$A_{t+1}=A_t+rA_t=(1+r)A_t \quad (r=0,1,2,\cdots) \tag{1-1-1}$$

由式（1-1-1）可算出t年末的本利和为

$$A_t=(1+r)^tA_0 \quad (r=0,1,2,\cdots) \tag{1-1-2}$$

可知式（1-1-1）是一个一阶差分方程，而式（1-1-2）中的数列$A_t=(1+r)^tA_0$便是差分方程的解。

n阶差分方程的一般形式可表示为

$$F(t,x_t,x_{t+1},\cdots,x_{t+n})=0 \tag{1-1-3}$$

含有任意常数的个数等于差分方程的阶数的解，称为差分方程的通解。给任意常数以确定值的解，称为差分方程的特解。用以确定通解中任意常数的条件称为初始条件。

一阶差分方程的初始条件为一个，一般是$x_0=a_0$（a_0是常数）；二阶差分方程的初始

条件为两个,一般是 $x_0=a_0,x_1=a_1$(a_0、a_1 是常数);依次类推。

二、常系数线性齐次差分方程

常系数线性齐次差分方程的一般形式为

$$x_n+a_1x_{n-1}+a_2x_{n-2}+\cdots+a_kx_{n-k}=0 \qquad (1-1-4)$$

其中,k 为差分方程的阶数;$a_i(i=1,2,\cdots,k)$ 为差分方程的系数,且 $a_k\neq0(1\leqslant k\leqslant n)$。对应的代数方程

$$\lambda^k+a_1\lambda^{k-1}+a_2\lambda^{k-2}+\cdots+a_{k-1}\lambda+a_k=0 \qquad (1-1-5)$$

称为差分方程(1-1-4)的特征方程,其特征方程的根称为特征根。

常系数线性齐次差分方程的解主要是由相应的特征根的不同情况有不同的形式。下面分别就特征根为单根、重根和复根的情况给出差分方程解的形式。

1. 特征根为单根

设差分方程(1-1-4)有 k 个单特征根 $\lambda_1,\lambda_2,\lambda_3,\cdots,\lambda_k$,则差分方程的通解为

$$x_n=c_1\lambda_1^n+c_2\lambda_2^n+\cdots+c_k\lambda_k^n$$

其中,$c_1,c_2,\cdots,c_k$ 为任意常数。

2. 特征根为重根

设差分方程(1-1-4)有 l 个相异的特征根 $\lambda_1,\lambda_2,\lambda_3,\cdots,\lambda_l(1\leqslant l\leqslant k)$,重数分别为 $m_1,m_2,\cdots,m_l$,且 $\sum\limits_{i=1}^{l}m_i=k$,则差分方程的通解为

$$x_n=\sum_{i=1}^{m_1}c_{1i}n^{i-1}\lambda_1^n+\sum_{i=1}^{m_2}c_{2i}n^{i-1}\lambda_2^n+\cdots+\sum_{i=1}^{m_l}c_{li}n^{i-1}\lambda_l^n$$

3. 特征根为复根

设差分方程(1-1-4)的特征根为一对共轭复根 $\lambda_1,\lambda_2=\alpha\pm i\beta$ 和相异的 $k-2$ 个单根 $\lambda_3,\lambda_4,\cdots,\lambda_k$,则差分方程的通解为

$$x_n=c_1\rho^n\cos n\theta+c_2\rho^n\sin n\theta+c_3\lambda_3^n+c_4\lambda_4^n+\cdots+c_k\lambda_k^n$$

其中,$\rho=\sqrt{\alpha^2+\beta^2}$, $\theta=\arctan\dfrac{\beta}{\alpha}$。

另外,对于有多个共轭复根和相异实根,或共轭复根和重根的情况,都可以类似地给出差分方程解的形式。

例 1.1.1 求差分方程 $y_{t+2}-3y_{t+1}-4y_t=0$ 的通解。

解:题设方程的特征方程为

$$\lambda^2-3\lambda-4=0$$

即

$$(\lambda-4)(\lambda+1)=0$$

因而特征根为 $\lambda_1=-1,\lambda_2=4$,所以题设方程的通解为

$$y_t=C_1(-1)^t+C_24^t \quad (C_1、C_2\text{ 为任意常数})$$

例 1.1.2 设初始值为 $x_0=1,x_1=0,x_2=1,x_3=2$,求差分方程

$x_n+x_{n-1}-3x_{n-2}-5x_{n-3}-2x_{n-4}=0 \quad (n=4,5,\cdots)$的特解。

解:该差分方程的特征方程为

$$\lambda^4+\lambda^3-3\lambda^2-5\lambda-2=0$$

解得其根为 $-1,-1,-1,2$,故通解为

$$x_n=c_1(-1)^n+c_2n(-1)^n+c_3n^2(-1)^n+c_42^n$$

代入初始条件 $x_0=1,x_1=0,x_2=1,x_3=2$,得

$$c_1=\frac{7}{9},c_1=-\frac{1}{3},c_3=0,c_4=\frac{2}{9}$$

故该差分方程的满足初始条件的解为

$$x_n=\frac{7}{9}(-1)^n-\frac{1}{3}n(-1)^n+\frac{2}{9}2^n$$

三、常系数线性非齐次差分方程

常系数线性非齐次差分方程的一般形式为

$$x_n+a_1x_{n-1}+a_2x_{n-2}+\cdots+a_kx_{n-k}=f(n) \tag{1-1-6}$$

其中,k 为差分方程的阶数;$a_i(i=1,2,\cdots,k)$ 为差分方程的系数,$a_k\neq0(k\leqslant n)$;$f(n)$ 为已知函数。

在差分方程(1-1-6)中,令 $f(n)=0$, 所得方程

$$x_n+a_1x_{n-1}+a_2x_{n-2}+\cdots+a_kx_{n-k}=0 \tag{1-1-7}$$

称为非齐次差分方程(1-1-6)对应的齐次差分方程,即与差分方程(1-1-4)的形式相同。

求解非齐次差分方程通解的一般方法如下:

首先求对应的齐次差分方程(1-1-7)的通解 x_n^*,然后求非齐次差分方程(1-1-6)的一个特解 $x_n^{(0)}$,则

$$x_n=x_n^*+x_n^{(0)}$$

为非齐次差分方程(1-1-6)的通解。

关于求 x_n^* 的方法同求差分方程(1-1-4)的方法相同。对于求非齐次方程(1-1-6)的特解 $x_n^{(0)}$ 的方法,可以用观察法确定,也可以根据 $f(n)$ 的特性用待定系数法确定,具体方法可参照常系数线性非齐次微分方程求特解的方法。接下来主要以二阶常系数非齐次差分方程的特解的解法进行具体说明。

四、一、二阶常系数线性非齐次差分方程的特解

1. 一阶常系数线性差分方程的一般形式为

$$y_{t+1}-ay_t=f(t) \tag{1-1-8}$$

其中:a 为常数,且 $a\neq0$;$f(t)$ 是已知函数。当 $f(t)\equiv0$ 时,方程(1-1-8)变为

$$y_{t+1}-ay_t=0 \tag{1-1-9}$$

容易知道方程(1-1-9)的通解为

$$y_t^*=Ca^t$$

下面仅考虑 $f(t)$ 取某些特殊形式的函数时方程(1-1-8)的特解。

设$f(t)=k^tP_m(t)$（其中$k\neq 0$，$P_m(t)$是t的m次多项式），可以证明方程(1-1-9)具有的特解形式为

$$y_t^*=\begin{cases}k^tR_m(t) & k\text{ 不是特征根}\\ tk^tR_m(t) & k\text{ 是特征根}\end{cases}$$

式中，$R_m(t)=B_0+B_1t+\cdots+B_mt^m$，其中，$B_0,B_1,\cdots,B_m$为待定系数。

根据以上情形，分别把所设特解y_t^*代入方程，比较两端同次项的系数，确定系数B_0，$B_1,\cdots,B_m$，即可得方程的特解。

例 1.1.3 求差分方程$y_{t+1}-\frac{1}{2}y_t=\left(\frac{5}{2}\right)^t$的通解。

解：由特征方程知特征根为$\lambda=\frac{1}{2}$。对应的齐次差分方程的通解为

$$y_t^*=C\left(\frac{1}{2}\right)^t$$

设$f(t)=k^tR_m(t)=\left(\frac{5}{2}\right)^t$，其中，$k=\frac{5}{2}$，$m=0$。由于$k=\frac{5}{2}$不是特征根，因此非齐次差分方程的特解为$y_t^*=\left(\frac{5}{2}\right)^tA$，$A$为待定系数，代入差分方程，得

$$\left(\frac{5}{2}\right)^{t+1}A-\frac{1}{2}\left(\frac{5}{2}\right)^tA=\left(\frac{5}{2}\right)^t$$

即
$$A=\frac{1}{2}$$

于是
$$y_t^*=\frac{1}{2}\left(\frac{5}{2}\right)^t$$

因此，非齐次差分方程的通解为

$$y_t=\frac{1}{2}\left(\frac{5}{2}\right)^t+C\left(\frac{1}{2}\right)^t$$

2. 二阶常系数线性差分方程的一般形式为

$$y_{t+2}+ay_{t+1}+by_t=f(t) \tag{1-1-10}$$

其中，a、b均为常数，且$b\neq 0$。当$f(t)\equiv 0$时，方程(1-1-10)变为

$$y_{t+2}+ay_{t+1}+by_t=0 \tag{1-1-11}$$

方程(1-1-11)称为二阶常系数线性齐次差分方程。相应地，方程(1-1-10)称为二阶常系数线性非齐次差分方程。

仅考虑方程(1-1-10)中$f(t)$取某些特殊形式的函数时的情形。

设$f(t)=k^tP_m(t)$（其中$P_m(t)$是t的m次多项式），可以证明方程(1-1-10)具有的特解形式为

$$y_t^*=\begin{cases}k^tR_m(t) & k\text{ 不是特征根}\\ tk^tR_m(t) & k\text{ 是特征方程的单根}\\ t^2k^tR_m(t) & k\text{ 是特征方程的重根}\end{cases}$$

式中，$R_m(t)=B_0+B_1t+\cdots+B_mt^m$，其中，$B_0,B_1,\cdots,B_m$为待定系数。

根据以上情形，分别把所设特解 y_t^* 代入方程，比较两端同次项的系数，确定系数 B_0，$B_1,\cdots,B_m$ 即可得方程的特解。

例 1.1.4 求差分方程 $y_{t+2}-y_{t+1}-6y_t=3^t(2t+1)$ 的通解。

解：特征根为 $\lambda_1=-2,\lambda_2=3$。设 $f(t)=3^t(2t+1)=k^tP_m(t)$，其中，$m=1,k=3$。因 $k=3$ 是特征单根，故设特解为

$$y^*(t)=3^t t(B_0+B_1t)$$

将其代入差分方程，得

$$3^{t+2}(t+2)[B_0+B_1(t+2)]-3^{t+1}(t+1)[B_0+B_1(t+1)]-6\cdot 3^t t(B_0+B_1t)=3^t(2t+1)$$

即

$$(30B_1t+15B_0+33B_1)3^t=3^t(2t+1)$$

解得

$$B_0=-\frac{2}{25},B_1=\frac{1}{15}$$

因此特解为

$$y^*(t)=3^t t\left(\frac{1}{15}t-\frac{2}{25}\right)$$

所求通解为

$$y_t=y_C+y^*=C_1(-2)^t+C_2 3^t+3^t t\left(\frac{1}{15}t-\frac{2}{25}\right)\quad (C_1、C_2\text{ 为任意常数})$$

1.2 差分方程的平衡点及其稳定性

在应用差分方程研究问题时，一般不需要求出方程的通解，在给定初值后，通常可用计算机迭代求解，但常常需要讨论解的稳定性。

对于差分方程 $F(n,x_n,x_{n+1},\cdots,x_{n+k})=0$，若有常数 a，满足

$$F(n,a,a,\cdots,a)=0$$

则称 a 是差分方程 $F(n,x_n,x_{n+1},\cdots,x_{n+k})=0$ 的平衡点。又对该差分方程的任意由初始条件确定的解 $x_n=x(n)$，均有

$$\lim_{n\to\infty}x_n=a$$

则称这个平衡点 a 是稳定的；否则是不稳定的。

下面给出一些特殊差分方程的平衡点和稳定性。

一、一阶常系数线性差分方程

讨论形式为

$$x_{n+1}+ax_n=b \tag{1-2-1}$$

的一阶常系数线性差分方程，其中 a、b 为常数，且 $a\neq-1,0$。它的通解为

$$x_n=C(-a)^n+\frac{b}{a+1} \tag{1-2-2}$$

易知 $\frac{b}{a+1}$ 是方程(1-2-1) 的平衡点。由式(1-2-2)知，当且仅当 $|a|<1$ 时，$\frac{b}{a+1}$ 是方

程(1-2-1)的稳定的平衡点。

二、二阶常系数线性差分方程

讨论形式为

$$x_{n+2}+ax_{n+1}+bx_n=r \tag{1-2-3}$$

的二阶常系数线性差分方程,其中 a、b、r 为常数。当 $r=0$ 时,它有一特解

$$x^*=0$$

当 $r\neq 0$,且 $a+b+1\neq 0$ 时,它有一特解

$$x^*=\frac{r}{a+b+1}$$

不管是哪种情形,x^* 是方程(1-2-3)的平衡点。设方程 (1-2-3)的特征方程为

$$\lambda^2+a\lambda+b=0$$

的两个根分别为 $\lambda=\lambda_1,\lambda=\lambda_2$,则

(1) 当 λ_1、λ_2 是两个不同的实根时,方程(1-2-3)的通解为

$$x_n=x^*+C_1(\lambda_1)^n+C_2(\lambda_2)^n$$

(2) 当 $\lambda_1=\lambda_2=\lambda$ 是两个相同实根时,方程(1-2-3)的通解为

$$x_n=x^*+(C_1+C_2n)\lambda^n$$

(3) 当 $\lambda_{1,2}=\rho(\cos\theta+\mathrm{i}\sin\theta)$ 是一对共轭复根时,方程(1-2-3)的通解为

$$x_n=x^*+\rho^n(C_1\cos n\theta+C_2\sin n\theta)$$

易知,当且仅当特征方程的任一特征根的模(是根的模就是绝对值)$|\lambda_i|<1$ 时,平衡点 x^* 是稳定的。

三、一阶非线性差分方程

一阶非线性差分方程的一般形式为

$$x_{n+1}=f(x_n) \tag{1-2-4}$$

其平衡点 x^* 由代数方程 $x=f(x)$ 解出。

为了分析平衡点 x^* 的稳定性,将方程(1-2-4)的右端 $f(x_n)$ 在 x^* 点作泰勒展开,只取一次项,得到

$$x_{n+1}\approx f'(x^*)(x_n-x^*)+f(x^*) \tag{1-2-5}$$

式(1-2-5)是式(1-2-4)的近似线性差分方程,x^* 是方程(1-2-5)的平衡点。根据一阶常系数线性差分方程 $x_{n+1}+ax_n=b$ 的稳定性判定的相关结论,得

(1) 当 $|f'(x^*)|<1$ 时,方程(1-2-4)的平衡点是稳定的;

(2) 当 $|f'(x^*)|>1$ 时,方程(1-2-4)的平衡点是不稳定的。

类似地,有如下定义:

含有 n 个数列 $\{x_1(k)\},\cdots,\{x_n(k)\}(k=1,2,\cdots)$ 中的前有限项 $x_i(k_i),k_i=1,2,\cdots,n_i(i=1,2,\cdots,n)$ 的联立方程组称为差分方程组。使差分方程组成立的数列簇$(x_1(k),$

$x_2(k),\cdots,x_n(k))$ $(k=1,2,\cdots)$称为差分方程组的解。

满足初始条件 $x_1(k_0)=x_1^0,x_2(k_0)=x_2^0,\cdots,x_n(k_0)=x_n^0$ 的解记为$(\{x_1(k,k_0,x_1^0),\},\cdots,\{x_n(k,k_0,x_n^0)\})$。满足

$$\begin{cases} F_1(a_1,a_1,\cdots,a_1;a_2,a_2,\cdots,a_2;\cdots;a_n,a_n,\cdots,a_n)=0 \\ F_2(a_1,a_1,\cdots,a_1;a_2,a_2,\cdots,a_2;\cdots;a_n,a_n,\cdots,a_n)=0 \\ \cdots\cdots \\ F_n(a_1,a_1,\cdots,a_1;a_2,a_2,\cdots,a_2,\cdots,a_n,a_n,\cdots,a_n)=0 \end{cases}$$

的$(a_1,a_2,\cdots,a_n)$称为差分方程

$$\begin{cases} F_1(x_1(1),x_1(2),\cdots,x_1(k_1);x_2(1),x_2(2),\cdots,x_2(k_2);\cdots;x_n(1),x_n(2),\cdots,x_n(k_n))=0 \\ F_2(x_1(1),x_1(2),\cdots,x_1(k_1);x_2(1),x_2(2),\cdots,x_2(k_2);\cdots;x_n(1),x_n(2),\cdots,x_n(k_n))=0 \\ \cdots\cdots \\ F_m(x_1(1),x_1(2),\cdots,x_1(k_1);x_2(1),x_2(2),\cdots,x_2(k_2);\cdots;x_n(1),x_n(2),\cdots,x_n(k_n))=0 \end{cases}$$

的平衡点。又对该差分方程组的由任意初始条件确定的解$(x_1(k),x_2(k),\cdots,x_n(k))$均有

$$\lim_{k\to\infty}(x_1(k),x_2(k),\cdots,x_n(k))=(a_1,a_2,\cdots,a_n)$$

则称这个平衡点$(a_1,a_2,\cdots,a_n)$是稳定的。

1.3 差分方程的应用

一、养老基金模型

一位老人60岁时将养老金10万元存入基金会,月利率0.4%,他每月取1000元作为生活费,建立差分方程计算他每岁末尚有多少钱?多少岁时将基金用完?如果想用到80岁,问60岁时应存入多少钱。

分析:(1)假设 k 个月后尚有 A_k 元,每月取款 b 元,月利率为 r,根据题意,建立如下的差分方程:

$$A_{k+1}=aA_k-b \tag{1-3-1}$$

其中,$a=1+r$。

每岁末尚有多少钱,即用差分方程给出 A_k 的值。

(2) 多少岁时将基金用完,即何时 $A_k=0$。由式(1-3-1)可得

$$A_k=A_0a^k-b\frac{a^k-1}{r}$$

若 $A_k=0$,则 $b=\dfrac{A_0ra^n}{a^n-1}$。

(3) 若想用到80岁,即 $n=(80-60)\times12=240$ 时,$A_{240}=0$,$b=\dfrac{A_0ra^{240}}{a^{240}-1}$。

利用Matlab编程序分析计算该差分方程模型,源程序如下:

首先建立 $A_{k+1}=aA_k-b$ 函数。

编写 M 文件如下：

```
function x=dai(x0,n,r,b)
a=1+r;
x=x0;
for k=1:n
    x(k+1)=a*x(k)-b;
end
```

① 求解何时用完基金。

```
clear all
close all
clc
x0=100000;n=150;b=1000;r=0.004;
k=(0:n)';
y1=dai(x0,n,r,b);
round([k,y1'])
```

输出结果省略。

② 用到 80 岁,60 岁时应存入多少钱。

输入:`A0=250000*(1.004^240-1)/1.004^240`

输出:`A0 = 1.5409e+005`

结论:

128 个月,即 70 岁 8 个月时将基金用完;若想用到 80 岁,60 岁时应存入 15.409 万元。

二、购房还贷模型

某人从银行贷款购房,若他今年初贷款 100 万元,月利率 0.5%,他每月还 10000 元。建立差分方程计算他每年末欠银行多少钱,多少时间才能还清?如果要 10 年还清,每月需还多少?

分析:记第 k 个月末他欠银行的钱为 $x(k)$,月利率为 r,且 $a=1+r$,b 为每月还的钱,则第 $k+1$ 个月末欠银行的钱为

$$x(k+1)=a\times x(k)+b$$

其中,$a=1+r$,$b=-1000$,$k=0,1,2,\cdots$。

将 $r=0.005$ 及 $x_0=1000000$ 代入,用 Matlab 计算得结果。

编写 M 文件如下:

```
function x=exf11(x0,n,r,b)
a=1+r;
x=x0;
for k=1:n
    x(k+1)=a*x(k)+b;
end
```

计算何时还清,输入:

```
y=exf11(1000000,140,0.005,-10000)
```

输出结果省略。

所以,如果每月还10000元,则需要11年7个月还清。

如果要10年,即 $n=120$ 还清,则模型为

```
b = -r*x0*(1+r)^n/^[1-(1+r)^n]
```

用Matlab计算如下:

输入:

```
x0 =1000000;
r =0.005;
n =120;
b = -r*x0*(1+r)^n/[1-(1+r)^n]
```

输出:

```
b =1.1102e+004
```

所以,如果要10年还清,则每年需还11102元。

三、田野动物平衡模型

在某种环境下猫头鹰的主要食物是田鼠,设田鼠的年平均增长率为 r_1,猫头鹰的存在引起的田鼠增长率的减少与猫头鹰的数量成正比,比例系数为 a_1;猫头鹰的年平均减少率为 r_2;田鼠的存在引起的猫头鹰增长率的增加与田鼠的数量成正比,比例系数为 a_2。建立差分方程模型描述田鼠和猫头鹰共处时的数量变化规律,对以下情况作图给出50年的变化过程。

(1) 设 $r_1=0.2, r_2=0.3, a_1=0.001, a_2=0.002$,开始时有100只田鼠和50只猫头鹰。

(2) r_1、r_2、a_1、a_2 同上,开始时有100只田鼠和200只猫头鹰。

(3) 适当改变参数 a_1、a_2(初始值同上)。

(4) 求差分方程的平衡点。

分析:记第 k 代田鼠数量为 x_k,第 k 代猫头鹰数量为 y_k,则可列出下列方程:

$$\begin{cases} x_{k+1}=x_k+(r_1-a_1y_k)x_k \\ y_{k+1}=y_k+(-r_2+a_2x_k)y_k \end{cases}$$

运用Matlab计算,程序如下:

```
function z =disanti(x0,y0,a1,a2,r1,r2)
x =x0;y =y0;
for k =1:49
    x(k+1) =x(k) +(r1 -y(k) *a1) *x(k);
    y(k+1) =y(k) +( -r2 +x(k) *a2) *y(k);
end
z =[x',y'];
```

(1)

```
z =disanti(100,50,0.001,0.002,0.2,0.3)
plot(1:50,z(:,1));
hold on;
plot(1:50,z(:,2),'r')
```

(2)
```
z = disanti(100,200,0.001,0.002,0.2,0.3)
plot(1:50,z(:,1));
hold on;
plot(1:50,z(:,2),'r')
```

(3) 当 a_1、a_2 分别取 0.002,0.002 时,得到图 1-3-1。

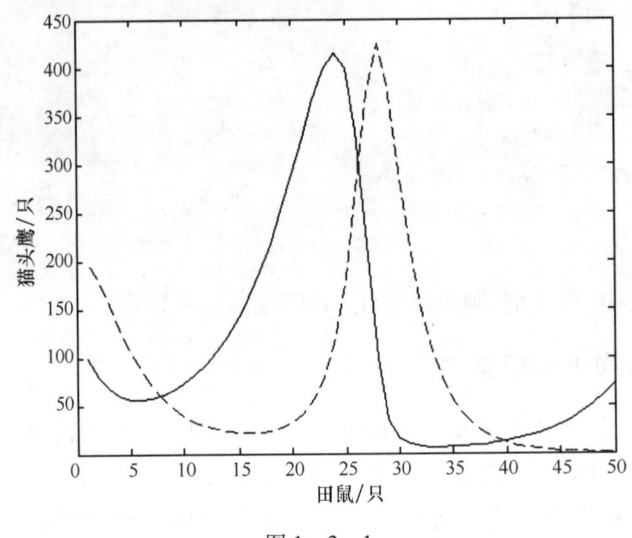

图 1-3-1

可见,当 a_1、a_2 参数在一定范围内改变时,猫头鹰与田鼠数量在一定范围内振荡,且不灭绝。

(4) 令 $x_k = x_{k+1} = x; y_k = y_{k+1} = y$

解方程得到如下结果:

x = 150

y = 200

经 matlab 验证如下:

z = disanti(150,200,0.001,0.002,0.2,0.3)

输出省略。

由此可知:平衡点为 $x = 150, y = 200$。

四、Leslie 种群年龄结构的差分方程模型

已知一种昆虫每 2 周产卵一次,6 周以后死亡(给出了变化过程的基本规律)。孵化后的幼虫 2 周后成熟,平均产卵 100 个,4 周龄的成虫平均产卵 150 个。假设每个卵发育成 2 周龄成虫的概率为 0.09(称为成活率),2 周龄成虫发育成 4 周龄成虫的概率为 0.2。假设开始时,0~2,2~4,4~6 周龄的昆虫数目相同,计算 2 周、4 周、6 周后各种周龄的昆虫数目;讨论这种昆虫各种周龄的昆虫数目的演变趋势:各周龄的昆虫比例是否有一个稳定值?昆虫是无限地增长还是趋于灭亡?假设使用了除虫剂,已知使用了除虫剂后各周龄的成活率减半,问这种除虫剂是否有效。

分析:将 2 周分成一个时段,设 k 时段 2 周后幼虫数量为 $x_1(k)$,2~4 周虫的数量为

$x_2(k)$,4～6 周虫数量为 $x_3(k)$。根据题意可列出下列差分方程：

$$\begin{cases}x_1(k+1)=100x_2(k)+150x_3(k)\\x_2(k+1)=0.09x_1(k)\\x_3(k+1)=0.2x_2(k)\end{cases}$$

运用 Matlab 编写的程序如下：

```
function z=diwuti(a,r1,r2,n)
x(1) =a;y(1) =a;w(1) =a;
for k=1:n
    x(k+1) =y(k)*100 +w(k)*150;
    y(k+1) =x(k)*r1;
    w(k+1) =y(k)*r2;
end
z=[x',y',w'];
for k=1:n+1
    m=x(k)+y(k)+w(k)
end

plot(1:n+1,x);
hold on
plot(1:n+1,y,'r');
hold on
plot(1:n+1,w,'k'),
grid
```

计算前 3 年的结果为(图 1－3－2)

```
  z=diwuti(100,0.009,0.2,2)
m
```

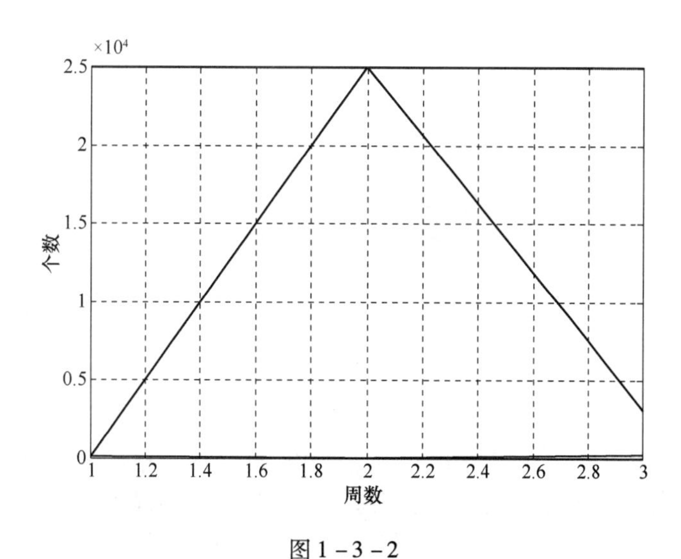

图 1－3－2

其中,m 表示三个不同生长周期的虫的总数,可见虫并未灭绝。当年份足够长时,可

观察到各年龄段虫的数量变化:

```
z = diliuti(100,0.009,0.2,20)
```

由此可见,0 ~ 2 周的虫的数量急剧增多,2 ~ 4 周的虫的数量也增多,而 4 ~ 6 周的虫的数量相对很少(图 1 - 3 - 3)。三者并无太多比例关系,最终整个种群数量增多。

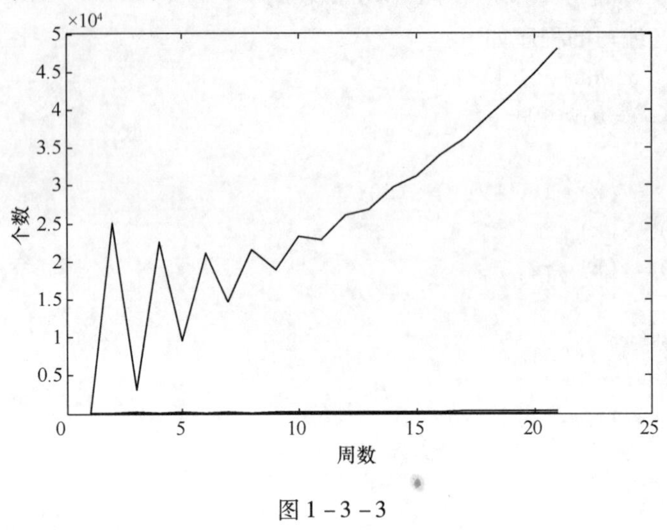

图 1 - 3 - 3

当使用杀虫剂时:

```
z = diwuti(100,0.0045,0.1,20)
```

可见虫的数量受到控制,杀虫剂效果很好(图 1 - 3 - 4)。

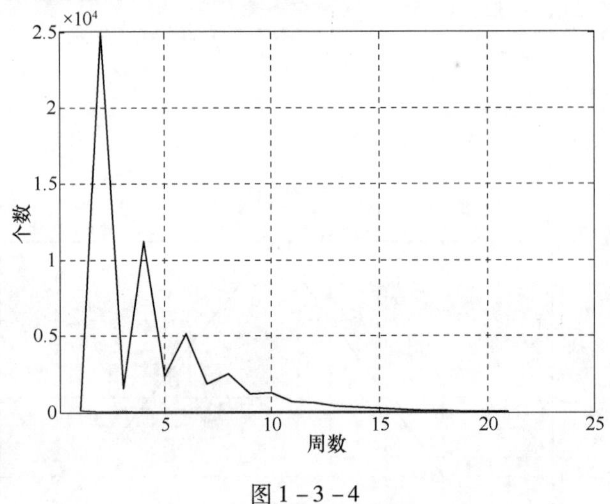

图 1 - 3 - 4

五、蛛网模型

经济背景与问题:在自由竞争的市场经济中 ,商品的价格是由市场上该商品的供应量决定的,供应量越大,价格就越低。另外,生产者提供的商品数量又是由该商品的价格决定的,价格上升将刺激生产者的生产积极性,导致商品生产量增加;反之,价格降低会影响生产者的积极性,导致商品生产量下降。经营者要取得良好的经济效益,就必须把握好这两个因素的规律,避免市场供求出现混乱 。

模型假设与模型建立：

(1) 将市场演变模式划分为若干销售时段,用自然数来表示 n;

(2) 设第 n 个时段商品的数量为 x_n,价格为 $y_n, n=1,2,\cdots$;

(3) 价格与产量的关系为 $y_n=f(x_n)$;

(4) 假设下一时段的产量是决策者根据这期的价格决定的,设 $x_{n+1}=h(y_n)$,从而有 $y_n=g(x_{n+1})$。由此建立差分方程组:

$$\begin{cases} x_{n+1}=f(h(y_n)) \\ y_{n+1}=f(h(x_n)) \end{cases}$$

模型的几何分析:两个变量 x_n 和 y_n 的变化过程,可以借助已有的函数 f 和 g 用几何方式表现出来。把点列 (x_n,y_n) 和 (x_{n+1},y_n) 在坐标系中描绘出来,其中 $(x_n,y_n)=(x_n,f(x_n))$, $(x_{n+1},y_n)=(x_{n+1},g(x_{n+1}))$,将点列 $p_1(x_1,y_1),p_2(x_2,y_2),p_3(x_3,y_3),p_4(x_4,y_4),\cdots$ 连接起来,就会就会形成像蛛网一样的折线。这个图形被称为蛛网模型(图 1-3-5)。

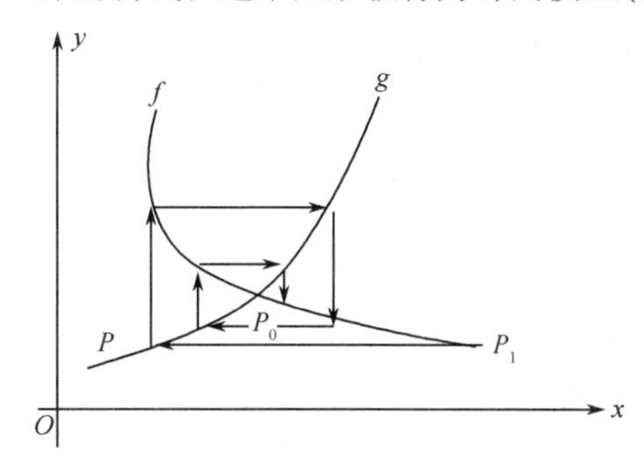

图 1-3-5

易见:如果点列 $p_1(x_1,y_1),p_2(x_2,y_2),p_3(x_3,y_3),p_4(x_4,y_4),\cdots$ 最后收敛于 $p_0(x_0,y_0)$,则 $x_n\to x_0, y_n\to y_0$ 就是两条曲线的交点,从而达到稳定状态,反之是不稳定的。

几何上的进一步分析表明,如果曲线 $y=f(x)$ 和 $y=g(x)$ 在交点 p_0 处切线的斜率记为 k_f、k_g,则可知:

当 $|k_f|<|k_g|$ 时,p_0 是稳定的;

当 $|k_f|>|k_g|$ 时,p_0 是不稳定的。

模型的差分方程分析:

设点 $p_0(x_0,y_0)$ 满足:$y_0=f(x_0)$,$x_0=h(y_0)$,在 p_0 点附近函数 $f(x)$、$h(x)$ 的一阶近似:

$$y_n=y_0-\alpha(x_n-x_0) \tag{1-3-2}$$

$$x_{n+1}=x_0+\beta(y_n-y_0) \tag{1-3-3}$$

合并两式,可得

$$x_{n+1}=-\alpha\beta x_n+(1+\alpha\beta)x_0 \quad (n=1,2,\cdots) \tag{1-3-4}$$

其中,$-\alpha$ 为 f 在点 p_0 处的切线斜率;$\dfrac{1}{\beta}$ 为 $g(x)$ 在 p_0 点处切线的斜率。

由方程(1-3-4)递推,可得

$$x_{n+1} = (-\alpha\beta)^n x_1 + [1-(-\alpha\beta)^n]x_0 \quad (n=1,2,\cdots) \tag{1-3-5}$$

所以，p_0 点稳定的充要条件是 $|\alpha\beta|<1$，即 $\alpha<\dfrac{1}{\beta}$ 这个结论与蛛网模型的几何分析结果是一致的。

习 题 一

1. 对下面的差分方程，求出它们的 X_1、X_2、X_3、X_4 的值：

(1) $X_{n+1}=X_n+3, X_0=1$；

(2) $X_{n+1}=0.5X_n+3, X_0=2$。

2. 若 $X_0=2, X_1=5, X_2=11, X_3=23, X_4=47, \cdots$，根据以上数据，写出用 X_{n+1} 和 X_n 表示的差分方程。

3. 若每年有 $x\%$ 的现有的汽车报废，而且每年新购入 N 辆汽车，建立反映 n 年后汽车总数 C_n 的差分方程。

4. 某地对服装的需求函数可以表示为 $Q=ap^{-0.66}$，试求需求量对价格的弹性，并说明其经济意义。

5. 若生产增长速率每年是 4%，P_n 表示第 n 年时的产量，列出描述产量模型的差分方程。若 1990 年时的产量是 1000 万吨，请估计：(1) 什么时候产量可达 1400 万吨；(2) 什么时候其产量低于 600 万吨。

6. 某机器的折旧率是每年 5%，建立一个描述其折旧值 V_n 的差分方程。如果新购入时花了 10000 元，当它的折旧值仅为 3000 元时，机器将报废，计算：(1) 5 年后机器的价值；(2) 机器使用年限。

7. 某公司刚生产出一种新产品，计划每月增产 2000 件，第 1 个月共生产了 5000 件，要求：(1) 估测在哪一个月产量将超过 20000 件；(2) 估算多长时间总产量可以达到 80000 件。

8. 如果年利是 9%，需要多长的时间，当年存入的钱可翻 3 倍。

9. 假如在某种疾病流行期间每天有 $x\%$ 的病人死亡；$y\%$ 的病人痊愈并获免疫力，请建立描述第 n 天病人人数 I_n 的模型。

第二章

插值与拟合

在生产实际以及科学实验中经常要研究变量之间的函数关系，但是在很多情况下很难找到具体的函数表达式，往往只能用测量或者观察获得一张数据表，即根据这种用表格形式给出的函数无法得到不在表中的点的函数值，也不能进一步研究函数的分析性质。有的虽然能给出一个函数的分析表达式，但是式子很复杂，不适合使用。为了解决这些问题，我们设法通过这张表格求出一个简单函数 $p(x)$，使 $p(x_i)=y_i(i=0,1,\cdots,n)$，这种求 $p(x)$ 的方法称为插值法。

对于插值法，由于节点上的函数值是一般测量得到的数据，如果个别点的误差较大，而插值函数保留了这些误差，影响逼近的精度。为此，我们希望用另外的方法构造逼近函数，使得从总体趋势上更能反映被逼近函数的特性，希望就已知的函数值来说，它与被逼近函数的函数值偏差按某种方法度量能达到最小，这就是曲线拟合。

2.1　一般插值问题

一、插值与插值函数

已知由 $g(x)$（可能未知或非常复杂）产生的一批离散数据 (x_i,y_i)，$i=0,1,\cdots,n$，且 $a=x_0<x_1<\cdots<x_{n-1}<x_n=b$，是 $n+1$ 个互异插值节点。在插值区间 $[a,b]$ 内寻找一个相对简单的函数 $f(x)$，使其满足下列插值条件：

$$f(x_i)=y_i\quad(i=0,1,\cdots,n)$$

再利用已求得的 $f(x)$ 计算任一非插值节点 x^* 的近似值 $y^*=f(x^*)$，这就是插值。其中，$f(x)$ 称为插值函数，$g(x)$ 称为被插函数。

二、分段插值

多项式历来都被认为是最好的逼近工具之一，所以，人们常用多项式作插值函数。一般情况下，似乎可以靠增加插值节点的数目来改善插值的精度，但插值多项式的次数会随着节点个数的增加而升高，可能造成插值函数的收敛性和稳定性变差，逼近的效果往往是不理想的，甚至会发生龙格振荡现象。龙格在20世纪初发现：在区间 $[-1,1]$ 上用 $n+1$ 个等距节点作插值多项式 $L_n(x)$，使得它在节点的值与函数 $y(x)=1/(1+25x^2)$ 在对应节点的值相等，当 $n\to\infty$ 时，插值多项式 $L_n(x)$ 在区间的中部趋于 $y(x)$，但是对于满足条件 $0.728\cdots\leqslant|x|<1$ 的 x，$L_n(x)$ 并不趋于 $y(x)$ 在对应点的值。

多项式次数越高,插值曲线与原函数曲线偏离越大的现象称为龙格现象。所以在不熟悉曲线运动趋势的前提下,不要轻易使用高次插值。

若插值的范围较小(在某个局部),用低次插值往往就能奏效,例如,对 $y(x)=1/(1+25x^2)$ 在每个子段上用线性插值,即用连接相邻节点的折线逼近所考察的曲线,就能保证一定的逼近效果。这种增加节点,用分段低次多项式插值的化整为零的处理办法称为分段插值法,也就是说不是去寻求整个插值区间上的一个高次多项式,而是把插值区间划分为若干个小区间,在每个小区间上用低次多项式进行插值,在整个插值区间上就得到一个分段插值函数。区间的划分是任意的,各个区间上插值多项式的次数的选取也可按具体问题选择。分段插值法通常有较好的收敛性和稳定性,算法简单,克服了龙格现象,但插值函数不如拉格朗日插值多项式光滑。这类插值大致可分为两类:一类是下面要介绍的局部化的简单分段插值;另一类是非局部化光滑性较好的分段插值,即后面要介绍的样条插值。

1. 分段线性插值

在分段插值中,用得较多的是分段线性插值。

设在区间 $[a,b]$ 上取 $n+1$ 个节点:$a=x_0<x_1<\cdots<x_n=b$,在区间 $[a,b]$ 上有二阶导数的函数 $f(x)$ 在上列节点的值为 $f(x_0)=y_0, f(x_1)=y_1, \cdots, f(x_n)=y_n$ 于是得到 $n+1$ 个数据点 (x_i,y_i)。连接相邻两点 (x_{i-1},y_{i-1}),(x_i,y_i) 得 n 条线段,它们组成一条折线,把区间 $[a,b]$ 上这条折线表示的函数称为函数 $f(x)$ 关于这 $n+1$ 个数据点的分段插值函数,记为 $L(x)$。它有如下性质:

(1) $L(x)$ 可以用分段函数表示,$L(x_i)=f(x_i)=y_i(i=1,2,\cdots,n)$,在区间 $[a,b]$ 上 $L(x)$ 连续。

(2) $L(x)$ 在第 i 段区间 $[x_{i-1},x_i]$ 上的表达式为

$$L(x)=\frac{x-x_i}{x_{i-1}-x_i}y_{i-1}+\frac{x-x_{i-1}}{x_i-x_{i-1}}y_i \quad (x_{i-1}\leqslant x\leqslant x_i) \tag{2-1-1}$$

由此构造插值基函数:

$$l_i(x)=\begin{cases}\dfrac{x-x_{i-1}}{x_i-x_{i-1}} & x\in[x_{i-1},x_i]\\ \dfrac{x-x_{i+1}}{x_i-x_{i+1}} & x\in[x_i,x_{i+1}] \quad (i=0,1,\cdots,n)\\ 0,\text{其他}\end{cases}$$

则

$$l_i(x_j)=\begin{cases}1 & j=i\\ 0 & j\neq i\end{cases}$$

$$L(x)=\sum_{i=0}^{n}l_i(x)\cdot y_i \tag{2-1-2}$$

2. 三次样条插值

在机械制造、航海等工业中,经常有这样的问题:已知一些数据点 (x_0,y_0),(x_1,y_1),$\cdots$,(x_n,y_n),如何通过这些数据点作一条比较光滑(如二阶导数连续)的曲线呢?解决这一问题的方法是:首先把数据点描绘在平面上,再把一根富有弹性的细直条(称为

样条)弯曲,使其一边通过这些数据点,用压铁固定细直条的形状,沿样条边绘出一条光滑的曲线。往往要用几根样条,分段完成上述工作,这时应当让连接点也保持光滑。对这一用样条绘出的曲线,进行数学模拟,这样就导出了样条函数的概念。

设在区间$[a,b]$上,已给$n+1$个互不相同的节点$a=x_0<x_1<\cdots<x_n=b$,而函数$y=f(x)$在这些节点的值$f(x_i)=y_i(i=0,1,\cdots,n)$。如果分段表示的函数$S(x)$满足下列条件:

(1) $S(x)$在子区间$[x_i,x_{i+1}]$的表达式$S_i(x)$都是次数不高于3的多项式;

(2) $S_i(x_i)=y_i$;

(3) $S(x)$在整个区间上有连续的二阶导数。

就称$S(x)$为$f(x)$在基点$x_0,x_1,\cdots,x_n$的三次样条插值函数,简称三次样条。

由条件(1),不妨将$S(x)$记为

$$S(x)=\{S_i(x),x\in[x_{i-1},x_i]\quad(i=1,2,\cdots,n)$$

$$S_i(x)=a_ix^3+b_ix^2+c_ix+d_i$$

其中,a_i、b_i、c_i、d_i为待定系数,共$4n$个。由条件(2),

$$\begin{cases}S_i(x_i)=S_{i+1}(x_i)\\S_i'(x_i)=S_{i+1}'(x_i)\quad(i=1,2,\cdots,n-1)\\S''_i(x_i)=S''_{i+1}(x_i)\end{cases}$$

上式与条件(3)共有$4n-2$个方程,为确定$S(x)$的$4n$个待定参数,还需两个条件。在实际应用中通常有以下三种类型的端点条件作为附加条件。

第一类:给定两端点的一阶导数$S'(x_0)$、$S'(x_n)$;

第二类:给定两端点的二阶导数$S''(x_0)$、$S''(x_n)$,最常用的是所谓的自然边界条件:

$$S''(x_0)=S''(x_n)=0$$

第三类:对于周期函数,即两端点已经满足$S(x_0)=S(x_n)$时,令它们的一阶导数及二阶导数分别相等,即$S'(x_0)=S'(x_n)$,$S''(x_0)=S''(x_n)$,称为周期条件。

这样,就构成了$4n$元线性方程组,可以证明有唯一解$S(x)$。

分段线性和三次样条插值是低次多项式插值,简单实用,收敛性有保证,但分段线性不光滑,三次样条插值的整体光滑性已大有提高,应用广泛,唯误差估计较困难。

3. Matlab 实现分段插值

1) 一维插值 interp1

```
yi = interp1(x,y,xi)          对(x,y)进行插值,计算插值点 xi 的函数值
yi = interp1(y,xi)            默认 x = 1:n,n 是向量 y 的元素个数
yi = interp1(x,y,xi,'method')       指定特定算法插值,
   method 可以是如下字符串
      linear   线性插值
      spline   三次样条插值
      cubic    三次插值
```

注:x是单调,但不要求连续等距。

如果x连续等距,可以选用快速插值法。调用函数时只需在 method 前加“ * ”,如“ * spline”。

例 2.1.1 温度预测问题

在 12h 内,每隔 1h 测量一次温度。温度依次为:5,8,9,15,25,29,31,30,22,25,27,24。试分别用分段线性插值、三次样条插值方法估计在 3.2h,6.5h,7.1h,11.7h 的温度值,每隔 1/10h 估计一次温度值并画出其图形。(单位:℃)

解:输入

```
hours =1:12;
temps =[5,8,9,15,25,29,31,30,22,25,27,24];
t = interp1(hours,temps,[3.2,6.5,7.1,11.7])                % 线性插值
T = interp1(hours,temps,[3.2,6.5,7.1,11.7],'spline')     % 次样条插值
```

输出结果为

```
t  = 10.2000 30.0000 30.9000 24.9000
T  =9.6734 30.0427 31.1755 25.3820
```

每隔 1/10h 估计一次温度值并画出其图形(图 2-1-1):

```
hours =1:12;
temps =[5,8,9,15,25,29,31,30,22,25,27,24];
h =1:0.1:12;
t = interp1(hours,temps,h,'spline');
plot(hours,temps,'+',h,t,hours,temps,'r:')
xlabel('时间'),ylabel('温度')
```

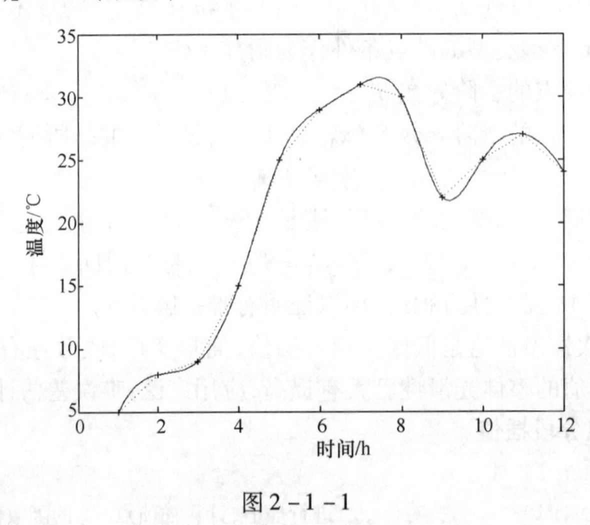

图 2-1-1

2)二维插值

二维插值基于与一维插值同样的思想,但是针对两个自变量的函数进行插值。二维插值简单地可以理解为连续三维空间地取值运算,如求解随平面位置变化地温度、湿度、气压等。

二维插值命令形式为

zi = interp2(x,y,z,x0,y0,'method')

式中,x、y 为自变量数组;z 为测量数组;x0、y0 为指定地自变量插值计算点数组;method 是二维插值使用的方法,包括

'nearest'　　　最近点插值
'linear'　　　双线性插值(缺省)
'cubic'　　　三次函数插值

二维插值要求所有自变量取值都是单调地。

如果是三次样条插值,可以使用命令

```
pp = csape({x0,y0},z0,conds,valconds),z = fnval(pp,{x,y})
```

式中,x0、y0 分别为 m 维和 n 维向量;z0 为 $m \times n$ 维矩阵;z 为矩阵,它的行数为 x 的维数,列数为 y 的维数,表示得到的插值,具体使用方法同一维插值。

例 2.1.2 测得平板表面各点处的温度分别为

82	81	80	82	84
79	63	61	65	81
84	84	82	85	86

作出平板表面温度分布曲面(单位:℃)。

解:(1) 先用三维坐标画出原始数据,看一下该数据的粗糙程度。输入以下命令:

```
x =1:5;
y =1:3;
temps =[82 81 80 82 84;79 63 61 65 81;84 84 82 85 86];
mesh(x,y,temps) % mesh 绘制三维网格图
```

画出粗糙的温度分布曲面图,如图 2-1-2 所示。

(2) 在 x、y 方向上每隔 0.2 个单位的地方进行插值,以平滑数据,再输入以下命令:

```
xi =1:0.2:5;
yi =1:0.2:3;
zi = interp2(x,y,temps,xi,yi','cubic')
mesh(xi,yi,zi)
```

画出插值后的温度分布曲面图,如图 2-1-3 所示。

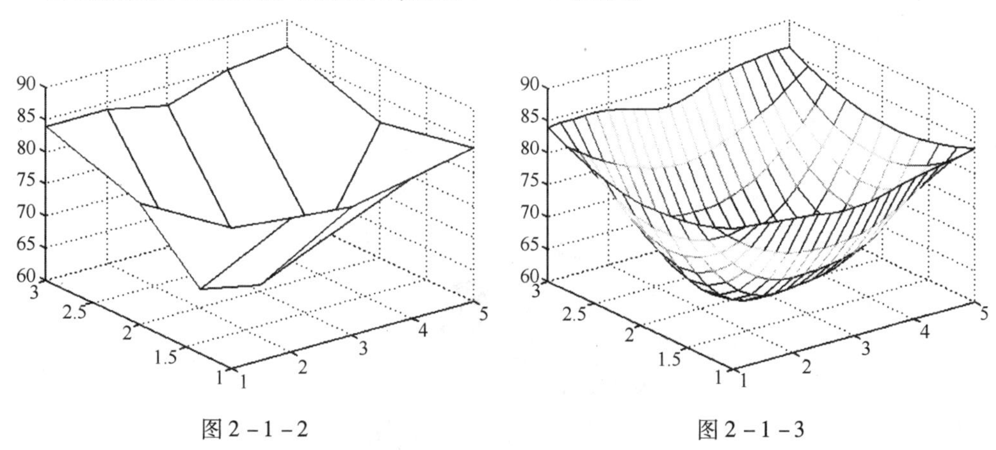

图 2-1-2　　　　　　图 2-1-3

4. 插值基点为散乱节点

问题:已知 n 个节点:(x_i, y_i, z_i) $(i = 1,2,\cdots,n)$,求点 (x^*, y^*) $(\neq (x_i, y_i))$ 处的插值 z^*。

对上述问题,Matlab 提供了插值函数 griddata,其格式为

cz = griddata(x,y,z,cx,cy,'method')

其中,x、y、z 均是 n 维向量,指明所给数据点的横坐标、纵坐标和竖坐标;向量 cx、cy 是给定的网格点的横坐标和纵坐标,指明函数 cz = griddata(x,y,z,cx,cy,'method')返回在网格(cx,cy)处的函数值。cx 与 cy 应是方向不同的向量,即一个是行向量,另一个是列向量。

Method 为可选参数,可从以下四个值中任选一个:

'nearest'——最近邻点插值。

'linear'——线性插值。

'cubic'——三次插值。

'v4'——Matlab 中所提供的插值方法。

'linear'是缺省值。

例 2.1.3 在某海域测得一些点(x,y)处的水深 z 由表 2-1-1 给出,在矩形区域(75,200)×(-50,150)内画出海底曲面的图形。

表 2-1-1

x	129	140	103.5	88	185.5	195	105	157.5	107.5	77	81	162	162	117.5
y	7.5	141.5	23	147	22.5	137.5	85.5	-6.5	-81	3	56.5	-66.5	84	-33.5
z	4	8	6	8	6	8	8	9	9	8	8	9	4	9

解:数据输入

x = [129 140 103.5 88 185.5 195 105 157.5 107.5 77 81 162 162 117.5];

y = [7.5 141.5 23 147 22.5 137.5 85.5 -6.5 -81 3 56.5 -66.5 84 -33.5];

z = [-4 -8 -6 -8 -6 -8 -8 -9 -9 -8 -8 -9 -4 -9]; % 水面下方,所以用负数表示

接下来进行插值

```
cx =75:0.5:200;
cy = -50:0.5:150;
cz =griddata(x,y,z,cx,cy','cubic');          % 作表面图
mesh(cx,cy,cz)      % 绘图时也可以用 surf 函数,只是图形效果有所不同
```

输出如图 2-1-4 所示。

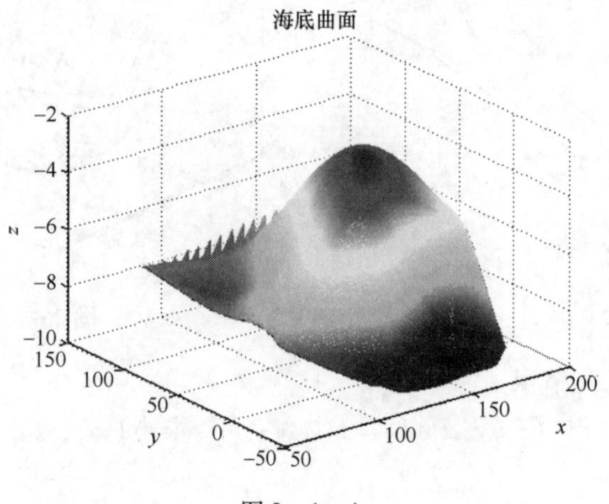

图 2-1-4

2.2　数据拟合方法

在实验科学、社会科学和行为科学中,实验和勘测常常会产生大量的数据。为了解释这些数据或者根据这些数据作出预测、判断,给决策者提供重要的依据。需要对测量数据进行拟合,寻找一个反映数据变化规律的函数。数据拟合方法与数据插值方法不同,它所处理的数据量大而且不能保证每一个数据没有误差,所以要求一个函数严格通过每一个数据点是不合理的。数据拟合方法求拟合函数,插值方法求插值函数。这两类函数最大的不同之处是,对拟合函数不要求它通过所给的数据点,而插值函数则必须通过每一个数据点。假设产生数据的连续函数 $y(x)$ 存在。但是通过表中的数据不可能确切地得到这种关系。何况,由于仪器和环境的影响,测量数据难免有误差。因此只能寻求合理的近似表达式,以反映数据变化的规律,这种方法就是数据拟合方法。数据拟合需要解决两个问题:第一,选择什么类型的函数 $\phi(x)$ 作为拟合函数(数学模型);第二,对于选定的拟合函数,如何确定拟合函数中的参数。

数学模型应建立在合理假设的基础上,假设的合理性首先体现在选择某种类型的拟合函数使之符合数据变化的趋势(总体的变化规律)。拟合函数的选择比较灵活,可以选择线性函数、多项式函数、指数函数、三角函数或其他函数,这应根据数据分布的趋势作出选择。

一、最小二乘拟合

已知一批离散的数据 (x_i,y_i),$i=0,1,\cdots,n$,x_i 互不相同,寻求一个拟合函数 $y=f(x)$,使 $f(x_i)$ 与 y_i 的误差平方和最小。在最小二乘意义下确定的 $f(x)$ 称为最小二乘拟合函数。

1. 一元最小二乘法

给定平面上的点 (x_i,y_i),$i=0,1,\cdots,n$,进行曲线拟合有多种方法,最小二乘法是解决曲线拟合最常用的一种方法。最小二乘法的提法是:

求 $f(x)$,使 $\delta=\sum\limits_{i=1}^{n}\delta_i^2=\sum\limits_{i=1}^{n}[f(x_i)-y_i]^2$ 达到最小。

拟合时选用一定形式的拟合函数,拟合函数可由一些简单的“基函数”(如幂函数、三角函数等)$\varphi_0(x)$,$\varphi_1(x)$,$\cdots$,$\varphi_m(x)$ 来线性表示:

$$f(x)=c_0\varphi_0(x)+c_1\varphi_1(x)+\cdots+c_m\varphi_m(x)$$

现在要确定系数 $c_0,c_1,\cdots,c_m$,使 δ 达到极小。为此,将 $f(x)$ 的表达式代入 δ 中,δ 就成为 $c_0,c_1,\cdots,c_m$ 的函数,令 δ 对 $c_i(i=1,2,\cdots,m)$ 的偏导数等于零,于是得到 $m+1$ 个方程组,由此求出 $c_i(i=1,2,\cdots,m)$。通常取基函数为 $1,x,x^2,x^3,\cdots,x^m$,这时拟合函数 $f(x)$ 为多项式函数。特别地,当 $m=1$ 时,$f(x)=a+bx$,称为一元线性拟合函数。

2. 如何选择拟合函数

已知一组数据 (x_i,y_i),$i=0,1,\cdots,n$,选择什么样的函数 $f(x)$ 呢?一是根据机理分析来确定函数形式;二是根据散点图直观判断函数 $f(x)$ 的形式。要比较两个模型哪个拟合效果更佳,则比较两个模型的残差平方和。残差平方和较小者更佳。

设 $\hat{y}_i$ 为拟合函数的值,y_i 为测量值,则残差 $e = \sum_i (y_i - \hat{y}_i)^2$。

3. 曲面拟合简介

实际问题中可能遇到曲面拟合问题,可以将一元最小二乘方法的有关概念和结论推广到多元最小二乘方法。已知 m 个自变量$(x_1, x_2, \cdots, x_m)$和一个因变量 y 的一组观测值 $(x_{1i}, x_{2i}, \cdots, x_{mi}, y_i)$,$i = 1, 2, \cdots, n$,要确定函数 $y = f(x_1, x_2, \cdots, x_m)$,使得

$$J = \sum_{i=1}^{n} [f(x_{1i}, x_{2i}, \cdots, x_{mi}) - y_i]^2$$

达到最小。一般地,首先通过机理分析或数据的直观判断,去确定函数 $y = f(x_1, x_2, \cdots, x_m)$ 的结构,假定函数中含有未知参数 $a_1, a_2, \cdots, a_k$,然后,通过最小二乘原理具体确定参数 $a_1, a_2, \cdots, a_k$。

二、用 Matlab 解曲线拟合问题

1. 线性最小二乘拟合

在 Matlab 的线性最小二乘拟合中,用得较多的是多项式拟合,其命令为

```
a = polyfit(x,y,m)
```

其中,$x = (x_1, x_2, \cdots, x_n)$,$y = (y_1, y_2, \cdots, y_n)$,$a = (a_1, a_2, \cdots, a_{m+1})$,$m$ 表示拟合多项式的次数。

多项式在 x 处的值 y 可用以下命令计算:

```
y = polyval(a,x)
```

得到拟合方程后是否能用它去做分析和预测,首先根据相关专业知识和实践来判断,其次还需用统计方法进行检验。在进行检验时可以通过命令 corrcoef 计算两个向量的相关系数。它可以与 polyfit 和 polyval 函数一起用来在实际数据和拟合输出之间计算相关系数。corrcoef($\bar{y}$,y)表示拟合函数对应 $x = (x_1, x_2, \cdots, x_n)$的函数值序列 $\bar{y}$ 和序列 y 的相关系数,得到的结果是一个 2×2 矩阵,其中对角线上的元素分别表示 y 和 y 的自相关,非对角线上的元素分别表示 $\bar{y}$ 与 y 的相关系数和 y 与 $\bar{y}$ 的相关系数,两个值是相等的。相关系数越接近 1,拟合程度越好。

例 2.2.1 用最小二乘法拟合如下的数据:

表 2-2-1

x	0.5	1.0	1.5	2.0	2.5	3.0
y	1.75	2.45	3.81	4.80	8.00	8.60

此例用 polyfit 功能函数进行拟合。

解:此题告诉我们基函数是 1、x、x^2,所以我们只需做二次多项式拟合即可。

在命令窗口中输入:

```
x=[0.5 1.0 1.5 2.0 2.5 3.0];(或者:x=0.5:0.5:3.0)
y=[1.75 2.45 3.81 4.80 8.00 8.60];
a=polyfit(x,y,2)
```

输出:

```
a =
```

```
        0.4900        1.2501        0.8560        % 依次为 x^2、x、1 前面的系数
```

即拟合函数 $\bar{y}=0.49x^2+1.2501x+0.8560$。

输入

```
x1 =[0.5:0.05:3.0];
y1 =polyval(a,x1);
plot(x1,y1)
hold on
scatter(x,y)
```

输出如图 2-2-5 所示。通过图像可以看出拟合效果显著,接下来通过命令进行检验:

```
y2 =polyval(a,x);
r =corrcoef(y,y2)
```

输出:

```
r =
    1.0000      0.9826
    0.9826      1.0000
```

相关系数为 0.9826,拟合方程效果显著。

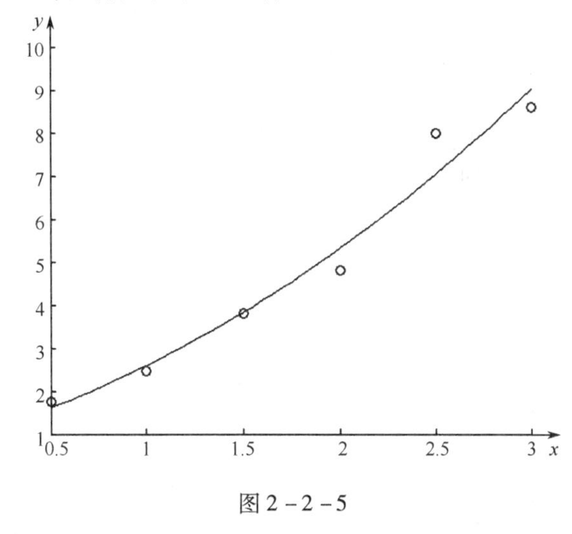

图 2-2-5

例 2.2.2　观测物体自由降落的距离 s 与时间 t 的关系,得到数据如表 2-2-2 所列,求 s 关于 t 的函数方程。

表 2-2-2

t/s	1/30	2/30	3/30	4/30	5/30	6/30	7/30	8/30	9/30	10/30	11/30	12/30	13/30	14/30
s/cm	11.86	15.67	20.60	26.69	33.71	41.93	51.13	61.49	72.90	85.44	99.08	113.77	129.54	146.48

解:此题没有告诉基函数,但是由物理常识可知自由落体运动距离 s 与时间 t 的关系是二次多项式函数,所以此题只需做二次多项式拟合即可。

(1) 输入数据:`t =1/30:1/30:14/30;`

```
s =[11.86 15.67 20.60 26.69 33.71 41.93 51.13 61.49 72.90 85.44 99.08 113.77
129.54 146.48];
```

(2) 做二次多项式拟合

```
a=polyfit(t,s,2)
```

得结果 a=489.2946　65.8896　9.1329

所以 s 关于 t 的函数方程近似为 $s=489.2946t^2+65.8896t+9.1329$。

接下来检验该方程,输入:

```
y1=polyval(a,y);
r=corrcoef(y,y1)
```

输出为

```
r =
    1.0000    0.9878
    0.9878    1.0000
```

相关系数为0.9878,拟合方程效果显著。

例2.2.3　测得铜导线在温度为 T_i 时的电阻 R_i 如表2-2-3所列,求电阻 R 与温度 T 的关系。

表2-2-3

i	0	1	2	3	4	5	6
T_i/℃	19.1	25.0	30.1	36.0	40.0	45.1	50.0
R_i/Ω	76.30	77.8	79.25	80.80	82.35	83.90	85.10

解:因为此题中没有给出多项式的拟合次数,所以需要我们先在Matlab中绘出图形,看一下电阻和温度之间的图形满足几次多项式曲线,然后确定多项式的次数,再拟合。

在Matlab中输入:

```
T=[19.1 25.0 30.1 36.0 40.0 45.1 50.0];
R=[76.30 77.8 79.25 80.80 82.35 83.90 85.10];
plot(T,R)          %绘图分析拟合多项式次数
```

从图2-2-6中我们很容易看出电阻 R 和温度 T 之间满足线性关系,也就是说我们用一次多项式拟合即可。下面我们用polyfit函数进行拟合。在Matlab中继续输入:

```
y=polyfit(T,R,1)
R1=polyval(y,T);
plot(T,R,'ro',T,R1)
```

就可以得到结果:y = 0.2915　　70.5723

故电阻 R 与温度 T 的关系可表示为

$$R\approx 70.5723+0.2915T$$

接下来输入 `r=corrcoef(R,R1)`

输出为

```
r =
    1.0000    0.9987
    0.9987    1.0000
```

显然拟合效果显著。对于后面拟合结果读者可以自己通过命令进行检验。

例2.2.4　用表2-2-4中数据拟合函数 $c(t)=a+be^{-0.02t}$ 中的参数 a、b。

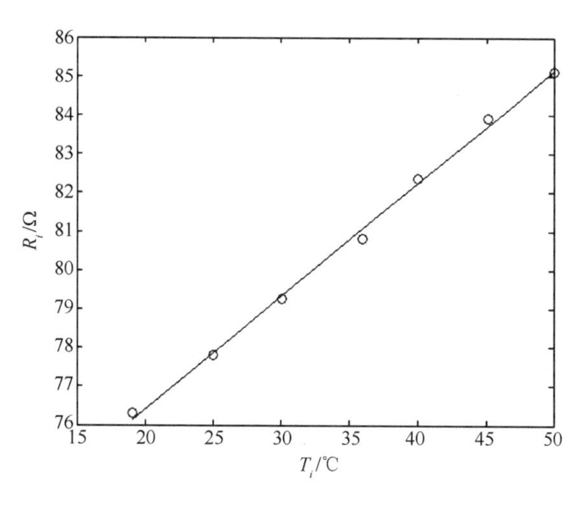

图 2-2-6

表 2-2-4

t	10	20	30	40	50	60	70	80	90	100
$c(t)$	4540	4990	5350	5650	5900	6100	6260	6390	6500	6590

分析：题目中给定的函数表面上不是线性函数，但是我们经过变量代换，令 $u=\mathrm{e}^{-0.02t}$，即可将该函数变为线性函数 $c(u)=a+bu$，然后利用一次多项式拟合即可确定 a、b。

解：根据表中给出的数据以及 $u=\mathrm{e}^{-0.02t}$ 重新得出新表格如表 2-2-5 所列：（计算 u：$t=[\ ]$；$u=\exp(-0.02*t)$）

表 2-2-5

u	0.8187	0.6703	0.5488	0.4493	0.3679	0.3012	0.2466	0.2019	0.1653	0.1353
$c(u)$	4540	4990	5350	5650	5900	6100	6260	6390	6500	6590

对新表格中数据进行一次多项式插值：

```
u =[0.8187 0.6703 0.5488 0.4493 0.3679 0.3012 0.2466 0.2019 0.1653 0.1353];
c =[4540 4990 5350 5650 5900 6100 6260 6390 6500 6590];
plot(u,c)
y =polyfit(u,c,1)
c1 =polyval(y,u);
plot(u,c,'ro',u,c1)
y =1.0e+003 * -2.9994   6.9983
```

输出图像如图 2-2-7 所示。

所以 $a=6998.3$，$b=-2999.4$，则 $c(t)=6998.3-2999.4\mathrm{e}^{-0.02t}$。

2. 非线性最小二乘拟合

在最小二乘拟合中，若要寻求的函数是任意的非线性函数，则称为非线性最小二乘拟合。Matlab6.3 的优化工具箱中提供了两个求非线性最小二乘拟合的函数：lsqcurvefit 和 lsqnonlin。使用这两个命令时，都要先建立 M 文件 fun.m，在其中定义函数 $f(x)$，但它们定义 $f(x)$ 的方式是不同的。下面用思考题简单介绍这两个函数的用法。

例 2.2.5 用表 2-2-6 中数据拟合函数 $c(t)=a+b\mathrm{e}^{-0.02kt}$ 中的参数 a、b、k。

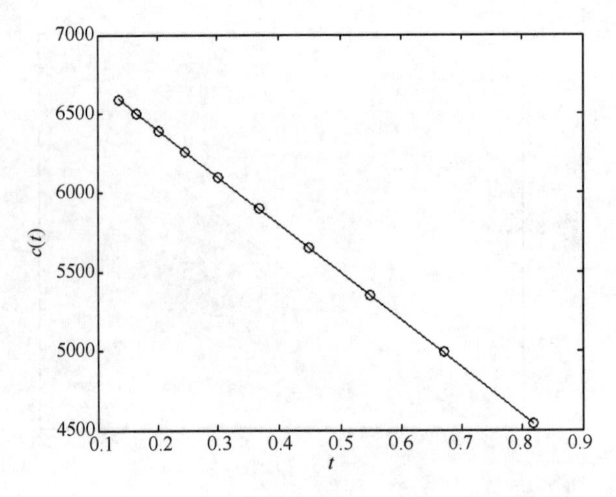

图 2-2-7

表 2-2-6

t	100	200	300	400	500	600	700	800	900	1000
$c(t)$	4540	4990	5350	5650	5900	6100	6260	6390	6500	6590

解:该问题即求解 a、b、k,使 $F(a,b,k) = \sum_{j=1}^{10}[a + be^{-0.02kt_j} - c_j]^2$ 达到最小值。

(1) 用命令 lsqcurvefit,此时

$F(x,tdata) = (a + be^{-0.02kt_1},\cdots,a + be^{-0.02kt_{10}})^T, x = (a,b,k)$

① 编写 M-文件 curvefun1. m

```
function f = curvefun1(x,tdata)
f = x(1) + x(2) * exp( -0.02 * x(3) * tdata)        % 其中 x(1) = a,x(2) = b,x(3) = k;
```

② 主程序 fzxec1. m 如下:

```
tdata = 100:100:1000;
cdata = 1e-03 * [4.54,4.99,5.35,5.65,5.90,6.10,6.26,6.39,6.50,6.59];
x0 = [0.2,0.05,0.05];
x = lsqcurvefit('curvefun1',x0,tdata,cdata)
f = curvefun1(x,tdata)
```

③ 运行主程序得结果为

```
x  = 0.0063      -0.0034      0.2542
f  =
0.0043    0.0051    0.0056    0.0059    0.0061    0.0062    0.0062    0.0063
0.0063    0.0063
a = 0.0063,b = -0.0034,k = 0.2542
```

即得拟合函数为 $c(t) = 0.0063 - 0.0034e^{-0.02 \times 0.2542t}$。

(2) 用命令 lsqnonlin,此时

$f(x) = f(x,tdata,cdata) = (a + be^{-0.02kt_1} - c_1,\cdots,a + be^{-0.02kt_{10}} - c_{10})^T, x = (a,b,k)$

① 编写 M-文件 curvefun2. m

```
function f = curvefun2(x)
```

```
tdata =100:100:1000;
cdata =1e -03 *[4.54,4.99,5.35,5.65,5.90,6.10,6.26,6.39,6.50,6.59];
f = cdata - x(1) - x(2) * exp( -0.02 * x(3) * tdata) % 其中 x(1) = a,x(2) = b,x(3)
=k;
```

② 主程序 fzxec2. m 如下:

```
x0 =[0.2,0.05,0.05];
x = lsqnonlin('curvefun2',x0)
f = curvefun2(x)
```

③ 运行主程序得结果为

```
x =
   0.0063    -0.0034    0.2542
f =
  1.0e -003 *
   0.2322    -0.1243    -0.2495    -0.2413    -0.1668    -0.0724
0.0241   0.1159   0.2030   0.2792
```

可以看出两个命令的计算结果是相同的。但是用 lsqcurvefit 和 lsqnonlin 两个函数作曲线拟合时,用 M 文件定义函数的方法不同。函数 curvefun2 的自变量是 x,cdata 和 tdata 是已知参数,故应将 cdata 和 tdata 的值写在 curvefun2. m 中。

2.3　拟 合 应 用

一、给药方案问题

一种新药用于临床之前,必须设计给药方案。药物进入机体后血液输送到全身,在这个过程中不断地被吸收、分布、代谢,最终排出体外。药物在血液中的浓度,即单位体积血液中的药物含量,称为血药浓度。

一室模型:将整个机体看作一个房室,称中心室,室内血药浓度是均匀的。快速静脉注射后,浓度立即上升;然后迅速下降。当浓度太低时,达不到预期的治疗效果;当浓度太高,又可能导致药物中毒或副作用太强。临床上,每种药物有一个最小有效浓度 c_1 和一个最大有效浓度 c_2。设计给药方案时,要使血药浓度保持在 $c_1 \sim c_2$ 之间。本题设 $c_1 = 10$, $c_2 = 25(\mu g/mL)$。

要设计给药方案,必须知道给药后血药浓度随时间变化的规律。从实验和理论两方面着手:在实验方面,对某人用快速静脉注射方式一次注入该药物 300mg 后,在一定时刻 t(h)采集血药,测得血药浓度 $c(\mu g/mL)$ 如表 2 -3 -1 所列:

表 2 -3 -1

t/h	0.25	0.5	1	1.5	2	3	4	6	8
$c/(\mu g/mL)$	19.21	18.15	15.36	14.10	12.89	9.32	7.45	5.24	3.01

解:(1)问题分析:①在快速静脉注射的给药方式下,研究血药浓度(单位体积血液中的药物含量)的变化规律。

② 给定药物的最小有效浓度和最大治疗浓度,设计给药方案:

每次注射剂量多大;间隔时间多长。

实验:对血药浓度数据作拟合,符合负指数变化规律。

理论:用一室模型研究血药浓度变化规律。

(2) 模型假设:① 机体看作一个房室,室内血药浓度均匀——一室模型;

② 药物排除速率与血药浓度成正比,比例系数 $k(>0)$;

③ 血液容积 V,$t=0$ 注射剂量 d,血药浓度立即为 d/V。

(3) 模型建立:由假设②,得

$$\frac{dc}{dt}=-kc \tag{i}$$

再由假设③,得

$$c(0)=d/V \tag{ii}$$

解微分方程得

$$c(t)=\frac{d}{V}e^{-k\cdot t}$$

在此,$d=300$mg,t 及 $c(t)$ 在某些点处的值见表 2-3-1,需经拟合求出参数 k、V。

方法一:用线性最小二乘拟合。

① 先将非线性函数转化成线性函数:

$$c(t)=\frac{d}{V}e^{-kt}\Rightarrow \ln c=\ln(d/V)-kt \Rightarrow \begin{array}{l} y=a_1t+a_2 \\ k=-a_1,V=d/e^{a_2} \end{array}$$

$$y=\ln c,\ a_1=-k,\ a_2=\ln(d/V)$$

② 编写 M 文件 lihe1.m 如下:

```
    d=300;
t=[0.25 0.5 1 1.5 2 3 4 6 8];
c=[19.21 18.15 15.36 14.10 12.89 9.32 7.45 5.24 3.01];
y=log(c);
a=polyfit(t,y,1)
k=-a(1)
V=d/exp(a(2))
```

计算结果:$k=0.2347(1/h)$,$V=15.02(L)$。

(4) 制定给药方案:

① 假设:设每次注射剂量 D,间隔时间 t;

血药浓度 $c(t)$ 应 $c_1\leqslant c(t)\leqslant c_2$;

初次剂量 D_0 应加大。

② 给药方案记为 $\{D_0,D,t\}$,则

$$D_0=Vc_2,\quad D=V(c_2-c_1) \tag{i}$$

$$c_1=c_2e^{-k\tau}\Rightarrow t=\frac{1}{k}\ln\frac{c_2}{c_1} \tag{ii}$$

将 $c_1=10$,$c_2=25$,$k=0.2347$,$V=15.02$ 代入(i)、(ii)中,得

$$D_0=375.5,D=225.3,t=3.9$$

故可制定可药方案为 $D_0=375(mg)$,$D=225(mg)$,$t=4(h)$。

即首次注射 375mg,其余每次注射 225mg,注射的间隔时间为 4h。

二、水塔流量估计问题

1. 问题的提出

某居民区有一供居民用水的圆柱形水塔,一般可以通过测量其水位来估计水的流量,但面临的困难是,当水塔水位下降到设定的最低水位时,水泵自动启动向水塔供水,到设定的最高水位时停止供水,这段时间无法测量水塔的水位和水泵的供水量。通常水泵每天供水一两次,每次约 2h。

水塔是一个高 12.2m,直径 17.4m 的正圆柱。按照设计,水塔水位降至约 8.2m 时,水泵自动启动,水位升到约 10.8m 时水泵停止工作。

表 2-3-2 是某一天的水位测量记录,试估计任何时刻(包括水泵正供水时)从水塔流出的水流量,及一天的总用水量。

表 2-3-2

时刻/h	0	0.92	1.84	2.95	3.87	4.98	5.90	7.01	7.93	8.97
水位/cm	968	948	931	913	898	881	869	852	839	822
时刻/h	9.98	10.92	10.95	12.03	12.95	13.88	14.98	15.90	16.83	17.93
水位/cm	923	872	1082	1050	1021	994	965	941	918	892
时刻/h	19.04	19.96	20.84	22.01	22.96	23.88	24.99	25.91		
水位/cm	866	843	822	951	893	1059	1035	1018		

2. 解题思路

(1) 拟合水位~时间函数:从测量记录看,一天有两个供水时段(以下称第 1 供水时段和第 2 供水时段),和 3 个水泵不工作时段(以下称第 1 时段 $t=0$ 到 $t=8.97$,第 2 次时段 $t=10.95$ 到 $t=20.84$ 和第 3 时段 $t=23$ 以后)。对第 1、2 时段的测量数据直接分别作多项式拟合,得到水位函数。为使拟合曲线比较光滑,多项式次数不要太高,一般在 3~6。由于第 3 时段只有 3 个测量记录,无法对这一时段的水位作出较好的拟合。

(2) 确定流量~时间函数:对于第 1、2 时段只需将水位函数求导数即可,对于两个供水时段的流量,则用供水时段前后(水泵不工作时段)的流量拟合得到,并且将拟合得到的第 2 供水时段流量外推,将第 3 时段流量包含在第 2 供水时段内。

(3) 一天总用水量的估计:总用水量等于两个水泵不工作时段和两个供水时段用水量之和,它们都可以由流量对时间的积分得到。

3. 算法设计与编程

(1) 拟合第 1 时段的水位,并导出流量:设 t、h 为已输入的时刻和水位测量记录(水泵启动的 4 个时刻不输入),第 1 时段各时刻的流量可如下得:

```
t =[0 0.92 1.84 2.95 3.87 4.98 5.90 7.01 7.93 8.97 9.98 10.92 10.95 12.03 12.95
13.88 14.98 15.90 16.83 17.93 19.04 19.96 20.84 22.01 22.96 23.88 24.99 25.91];
h =[968 948 931 913 898 881 869 852 839 822 923 872 1082 1050 1021 994 965 941 918
892 866 843 822 951 893 1059 1035 1018] ;
c1 =polyfit(t(1:10),h(1:10),3);
          % 用 3 次多项式拟合第 1 时段水位,c1 输出 3 次多项式的系数
```

```
a1 =polyder(c1);  % a1 输出多项式(系数为 c1)导数的系数
tp1 =0:0.1:9;
x1 = -polyval(a1,tp1);
% x1 输出多项式(系数为 a1)在 tp1 点的函数值(取负后边为正值),即 tp1 时刻的流量
```

于是,得到流量函数为 $f(t) = -0.2356t^2 + 2.7173t - 22.1079$。

(2) 拟合第 2 时段的水位,并导出流量:设 t、h 为已输入的时刻和水位测量记录(水泵启动的 4 个时刻不输入),第 2 时段各时刻的流量可如下得

```
c2 =polyfit(t(11:21),h(11:21),3);
        % 用 3 次多项式拟合第 2 时段水位,c2 输出 3 次多项式的系数
a2 =polyder(c2);  %  a2 输出多项式(系数为 c2)导数的系数
   tp2 =11:0.1:21;
x2 = -polyval(a2,tp2);
% x2 输出多项式(系数为 a2)在 tp2 点的函数值(取负后边为正值),即 tp2 时刻的流量。
```

于是,得到流量函数为 $f(t) = -0.0186t^3 + 0.7529t^2 - 8.7512t - 1.8313$。

(3) 拟合供水时段的流量:在第 1 供水时段($t=9\sim11$)之前(即第 1 时段)和之后(即第 2 时段)各取几点,其流量已经得到,用它们拟合第 1 供水时段的流量。为使流量函数在 $t=9$ 和 $t=11$ 连续,我们简单地只取 4 个点,拟合 3 次多项式(即曲线必过这 4 个点),实现如下:

```
xx1 = -polyval(a1,[8 9]);               % 取第 1 时段在 t =8,9 的流量
xx2 = -polyval(a2,[11 12]);             % 取第 2 时段在 t =11,12 的流量
xx12 =[xx1 xx2];
c12 =polyfit([8 9 11 12],xx12,3);       % 拟合 3 次多项式
tp12 =9:0.1:11;
x12 =polyval(c12,tp12);                 %  x12 输出第 1 供水时段各时刻的流量
```

在第 2 供水时段之前取 $t=20$,$t=20.8$ 两点的流水量,在该时刻之后(第 3 时段)仅有 3 个水位记录,我们用差分得到流量,然后用这 4 个数值拟合第 2 供水时段的流量如下:

```
dt3 =diff(t(22:24));                    % 最后 3 个时刻的两两之差
dh3 =diff(h(22:24));                    % 最后 3 个水位的两两之差
dht3 = -dh3./dt3;                       % t(22)和 t(23)的流量
t3 =[20 20.8 t(22) t(23)];
xx3 =[ -polyval(a2,t3(1:2),dht3)];      % 取 t3 各时刻的流量
c3 =polyfit(t3,xx3,3);                  % 拟合 3 次多项式
t3 =20.8:0.1:24;
x3 =polyval(c3,tp3);% x3 输出第 2 供水时段(外推至 t =24)各时刻的流量
```

拟合的流量函数为 $f(t) = -0.1405t^2 + 7.3077t - 91.8283$。

(4) 一天总用水量的估计:第 1、2 时段和第 1、2 供水时段流量的积分之和,就是一天总用水量。虽然诸时段的流量已表为多项式函数,积分可以解析地算出,这里仍用数值积分计算如下:

```
y1 =0.1 *trapz(x1);     % 第 1 时段用水量(仍按高度计),0.1 为积分步长
y2 =0.1 *trapz(x2);     % 第 2 时段用水量
y12 =0.1 *trapz(x12);   % 第 1 供水时段用水量
```

```
y3 =0.1 * trapz(x3);      % 第2供水时段用水量
y =(y1 +y2 +y12 +y3) * 237.8 * 0.01;   % 一天总用水量 m^3 =10^3 L
```

计算结果:y1 = 146.2, y2 = 266.8, y12 = 47.4, y3 = 77.3, y = 1250.4。

(5) 流量及总用水量的检验:计算出的各时刻的流量可用水位记录的数值微分来检验。用水量 y1 可用第1时段水位测量记录中下降高度 968 − 822 = 146 来检验。类似地,y2 用 1082 − 822 = 260 检验。

供水时段流量的一种检验方法如下:供水时段的用水量加上水位上升值260是该时段泵入的水量,除以时段长度得到水泵的功率(单位时间泵入的水量),而两个供水时段水泵的功率应大致相等。第1、2时段水泵的功率可计算如下:

```
p1 =(y12 +260)/2;              % 第1供水时段水泵的功率(水量仍以高度计)
tp4 =20.8:0.1:23;
xp2 =polyval(c3,tp4);          % xp2 输出第2供水时段各时刻的流量
p2 =(0.1 * trapz(xp2) +260)/2.2;  % 第2供水时段水泵的功率(水量仍以高度计)
```

计算结果:p1 = 154.5, p2 = 140.1。

4. 计算结果(表2−3−3)

表2−3−3

(n1,n2)	y_1, y_2, y_{12}, y_3	y	p_1　p_2
(3,4)	146.2, 266.8, 47.4, 77.3	1250.4	154.5　140.1
(5,6)	146.5, 257.8, 46.1, 76.3	1282.4	153.7　140.1

流量函数为

$$f(t)=\begin{cases}-0.2356t^2+2.7173t-22.1079 & 0\leqslant t<9\\ -3.7207t^2+73.5879t-355.078 & 9\leqslant t<11\\ -0.0186t^3+0.7529t^2-8.7512t-1.8313 & 11\leqslant t<21\\ -0.1405t^2+7.3077t-91.8283 & 21\leqslant t\leqslant 24\end{cases}$$

流量曲线如下图所示。

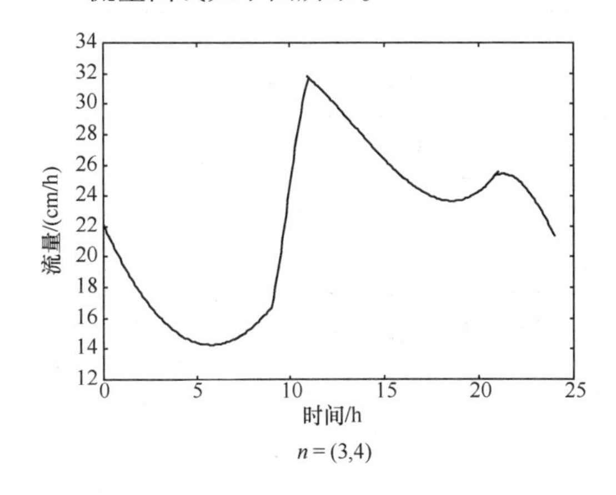

n = (3,4)

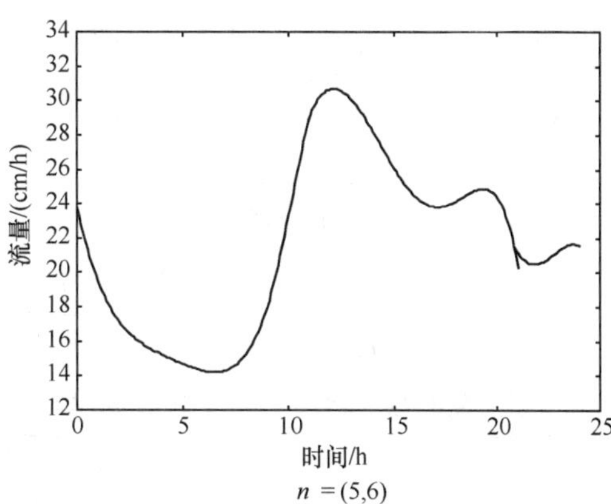

n = (5,6)

习题二

1. 根据下表给出的平方根的值,用线性插值计算$\sqrt{5}$, $\sqrt{10}$。

x	1	4	9	16
$\sqrt{x}$	1	2	3	4

2. 在12h内,每隔1h测量一次温度,温度依次为5,8,9,15,25,31,30,22,25,27,24。试估计在3.2h,6.5h,7.1h,11.7h时的温度值。(单位:℃)

3. 山区地貌:在某山区测得一些地点的高度如下表(平面区域 $1200 \leqslant x \leqslant 4000$, $1200 \leqslant x \leqslant 3600$):(单位:m)

y \ x	1200	1600	2000	2400	2800	3200	3600	4000
1200	1130	1250	1280	1230	1040	900	500	700
1600	1320	1450	1420	1400	1300	700	900	850
2000	1390	1500	1500	1400	900	1100	1060	950
2400	1500	1200	1100	1350	1450	1200	1150	1010
2800	1500	1200	1100	1550	1600	1550	1380	1070
3200	1500	1550	1600	1550	1600	1600	1600	1550
3600	1480	1500	1550	1510	1430	1300	1200	980

试作出该山区的地貌图,并对几种插值方法进行比较。

4. 考察温度 x 对产量 y 的影响,测得下列10组数据:

温度/℃	20	25	30	35	40	45	50	55	60	65
产量/kg	13.2	15.1	16.4	17.1	17.9	18.7	19.6	21.2	22.5	24.3

求 y 关于 x 的线性多项式拟合函数。

5. 测得铜导线在温度为 T_i 时的电阻 R_i 如下表,求电阻 R 与温度 T 的关系。

i	0	1	2	3	4	5	6
T_i/℃	19.1	25.0	30.1	36.0	40.0	45.1	50.0
R_i/Ω	76.30	77.8	79.25	80.80	82.35	83.90	85.10

6. 某零件上有一段曲线,为了在程序控制机床上加工这一零件,需要这段曲线的解析表达式,在曲线横坐标 x_i 处测得纵坐标 y_i 数据如下:

x_i	0	2	4	6	8	10	12	14	16	18	20
y_i	0.6	2.0	4.4	7.5	11.8	17.1	23.3	31.2	39.6	49.7	61.7

求曲线的纵坐标 y 关于横坐标 x 的曲线方程。

7. 混凝土的抗压强度随养护时间的延长而增加，现将一批混凝土做成 12 个试块，记录了养护日期 x（日）及抗压强度 y（kg/cm^2）的数据：

养护时间 x	2	3	4	5	7	9	12	14	17	21	28	56
抗压强度 y	35	42	47	53	59	65	68	73	76	82	86	99

请用所给数据拟合函数 $y = a + b\ln x$ 中的参数 a、b。

第三章

线性规划

优化问题是计划管理工作中经常要碰到的问题,例如,出门旅行就要考虑选择什么样的路线和交通工具,才能使旅行费用最省或使所花费的时间最少。在工厂技术、经济管理和科学研究等领域中,最优化问题就更多,一个工厂要怎样安排产品的生产,才能获得最大利润?一个设计部门要考虑在满足结构强度的要求下怎样使得所用的材料的总重量最轻?

在一定条件(约束条件)下求解某个目标达到最大或最小的优化问题称为数学规划问题,它包括线性规划、非线性规划、整数规划、动态规划和多目标规划等。

早在19世纪法国数学家傅里叶关于线性不等式的研究表明,他对线性规划已有所了解。20世纪30年代末,苏联数学家康托洛维奇开始研究生产组织中的线性规划问题,并写出了线性规划应用于工业生产问题的经典著作《生产组织与计划中的数学方法》。1947年,美国数学家丹奇格提出了单纯形(Simplex)方法及有关理论,为线性规划奠定了理论基础。50年代,线性规划成为经济学家分析经济问题的重要工具。随着计算机的迅猛发展,线性规划现被广泛应用于工业、农业、商业等各个领域。

3.1 线性规划的数学模型

一、线性规划问题的数学模型

先看一个例子。

例3.1.1 某工厂A有生产甲、乙两种产品的能力,且生产1t甲产品需要3个工日和0.35t小麦。生产1t乙产品需要4个工日和0.25t小麦。该厂仅有工人12人,一个月只能出300个工日,小麦一个月只能进21t,并且还知生产1t甲产品可盈利80(百元),生产1t乙产品可盈利90(百元)。那么,工厂A在一月中应如何安排这两种产品的生产,使之获得最大的利润?

问题中的条件可列表表示如下(表3-1-1):

表3-1-1

资源 \ 产品	甲	乙	总和
工日	3	4	300
小麦	0.35	0.25	21
盈利	80	90	

设 x_1、x_2 分别表示一月中生产甲、乙两种产品的数量(称为决策变量),所得利润为 z,问题的目标是使得总利润函数(称为目标函数)$z=80x_1+90x_2$ 有最大值。

工日的约束为

$$3x_1+4x_2\leqslant 300$$

原料小麦的约束为

$$0.35x_1+0.25x_2\leqslant 21$$

非负约束为

$$x_1,x_2\geqslant 0$$

于是问题可归结为求目标函数在约束条件下的最大值这样一个数学规划问题,因此,上述问题的数学模型可表示为

$$\begin{aligned} \max\quad & z=80x_1+90x_2 \\ \text{s.t.}\quad & 3x_1+4x_2\leqslant 300 \\ & 0.35x_1+0.25x_2\leqslant 21 \\ & x_1,x_2\geqslant 0 \end{aligned}$$

由于目标函数是决策变量的线性函数,约束条件是决策变量的线性不等式,因此称这个问题为线性规划问题。线性规划问题数学模型的一般形式为

$$\begin{aligned} \max(\min)\quad & z=\sum_{i=1}^{n}c_ix_i \\ \text{s.t.}\quad & \sum_{j=1}^{n}a_{ij}x_j\leqslant(\geqslant,=)b_i\quad(i=1,2,\cdots,m) \\ & x_j\geqslant 0\quad(j=1,2,\cdots,n) \end{aligned}$$

或

$$\max(\min)z=\sum_{i=1}^{\infty}c_ix_i$$

$$\begin{cases} \sum_{j=1}^{n}a_{ij}x_j\leqslant(\geqslant,=)b_i & (i=1,2,\cdots,m) \\ x_j\geqslant 0 & (j=1,2\cdots,n) \end{cases}$$

因为不等号是“≤”的约束条件很容易变成不等号是“≥”的约束条件,所以,线性规划问题数学模型可用矩阵表示为

$$\begin{aligned} \max(\min)\quad & z=\boldsymbol{c}^{\mathrm{T}}\boldsymbol{X} \\ \text{s.t.}\quad & \boldsymbol{AX}\leqslant(\geqslant,=)\boldsymbol{b} \\ & \boldsymbol{X}\geqslant 0 \end{aligned}$$

其中,$\boldsymbol{X}=(x_1,x_2,\cdots,x_n)^{\mathrm{T}}$ 为决策向量;$\boldsymbol{c}=(c_1,c_2,\cdots,c_n)^{\mathrm{T}}$ 为目标函数的系数向量;$\boldsymbol{b}=(b_1,b_2,\cdots b_m)^{\mathrm{T}}$ 为常数向量;$\boldsymbol{A}=(a_{ij})_{m\times n}$ 为系数矩阵。

线性规划模型的三要素是决策变量、目标函数和约束条件。

满足约束条件的决策变量的取值 $\boldsymbol{x}=(x_1,x_2,\cdots,x_n)^{\mathrm{T}}$,称为线性规划问题的可行解,而使目标函数达到最优(最大或最小)值的可行解叫最优解。所有可行解构成的集合称为可行域。求解线性规划问题就是在可行域中寻找最优解。

二、线性规划问题的图解法

两个决策变量的线性规划问题的一个可行解(x_1,x_2)可以视为平面中的一个点,可行域则是平面中的一个区域。在可行域中如根据目标函数增加或减少的方向便可以确定出最优解。

图解法的步骤为:

第1步:在平面上建立直角坐标系;

第2步:图示约束条件和非负条件,找出可行域;

第3步:图示目标函数的等值线,并寻找最优解。

例3.1.2 $\max z=100x_1+80x_2$

$$\begin{cases}4x_1+2x_2\leqslant 400\\2x_1+4x_2\leqslant 500\\x_1\geqslant 0,x_2\geqslant 0\end{cases}$$

图3-1-1中两条直线方程分别是$4x_1+2x_2=400$和$2x_1+4x_2=500$,由三个约束条件容易确定可行域是图中的画阴影的区域。一簇虚线是目标函数的等值线$C=100x_1+80x_2$(C是任意常数)。箭头所指的方向是目标函数值增加的方向。由此可知最优解是可行域的顶点E的坐标(50,100),即$x_1=50,x_2=100$是最优解,目标函数的最优值为$\max z=100\times 50+80\times 100=13000$。

例3.1.3 $\max z=80x_1+40x_2$

$$\begin{cases}4x_1+2x_2\leqslant 400\\2x_1+4x_2\leqslant 500\\x_1\geqslant 0,x_2\geqslant 0\end{cases}$$

类似例3.1.2分析可知最优解为(50,100),目标函数的最优值10000。但由图3-1-2可知BE线段上的所有点的坐标都是最优解,因此本问题有无穷多个最优解。

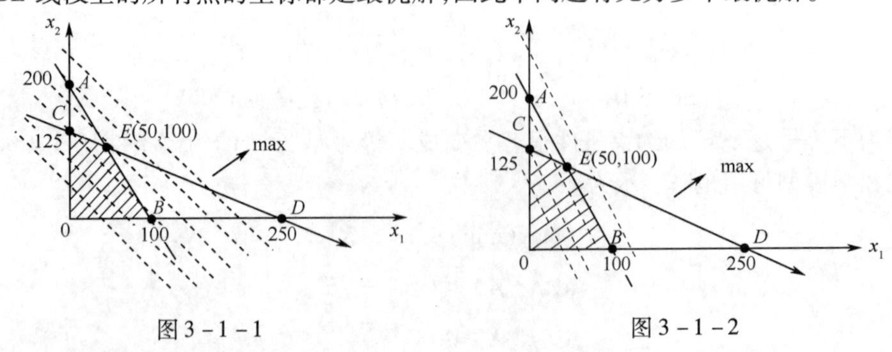

图3-1-1　　图3-1-2

例3.1.4 $\max z=3x_1+4x_2$

$$\begin{cases}20x_1+30x_2\geqslant 900\\40x_1+30x_2\geqslant 1200\\x_1\geqslant 0,x_2\geqslant 0\end{cases}$$

目标函数的等值线由原点向右上方逐渐移动时,与可行域(即图3-1-3中阴影区域)永远都有交点。所以,本问题无最优解(目标函数值可以无限大)。

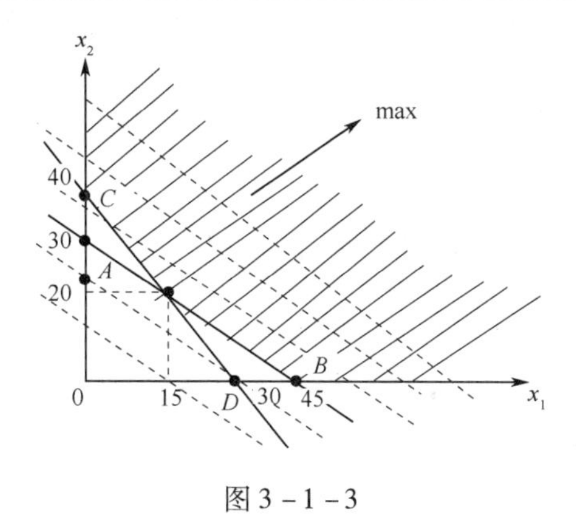

图 3-1-3

例 3.1.5 $\max z=4x_1+5x_2$

$$\begin{cases}2x_1+x_2\leqslant 2\\3x_1+2x_2\geqslant 6\\x_1\geqslant 0,x_2\geqslant 0\end{cases}$$

本问题的可行域是空集(图 3-1-4),因而没有可行解,即无解。

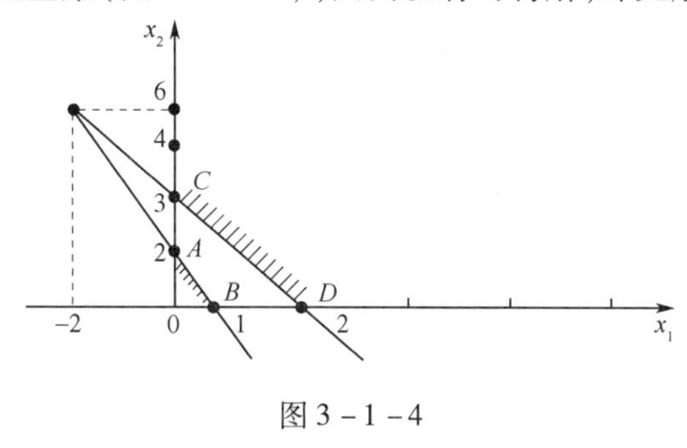

图 3-1-4

3.2 一般线性规划问题的 Matlab 软件求解

1947 年,美国数学家丹奇格提出了求解一般线性规划问题的单纯形方法,为线性规划奠定了理论基础,后来此方法又经过多种改进。特别是随着计算机科学与技术的发展,出现了许多求解线性规划问题的数学软件。下面就介绍 Matlab 解线性规划问题的方法。

Matlab 能解决的线性规划问题的标准形式为

$$\min \boldsymbol{f}\cdot\boldsymbol{x}\quad \boldsymbol{x}\in\mathbf{R}^n \qquad\qquad \min \boldsymbol{f}\cdot\boldsymbol{x}\quad \boldsymbol{x}\in\mathbf{R}^n$$

$$\text{s.t}\ \begin{matrix}\boldsymbol{AX}\leqslant\boldsymbol{b}\\ \boldsymbol{Aeqx}=\boldsymbol{beq}\\ \boldsymbol{lb}\leqslant\boldsymbol{x}\leqslant\boldsymbol{ub}\end{matrix}\qquad 或 \qquad \begin{cases}\boldsymbol{Ax}\leqslant b\\ \boldsymbol{Aeqx}=\boldsymbol{beq}\\ \boldsymbol{lb}\leqslant\boldsymbol{x}\leqslant\boldsymbol{ub}\end{cases}$$

其中,$\boldsymbol{f}$、$\boldsymbol{x}$、$\boldsymbol{beq}$、$\boldsymbol{lb}$、$\boldsymbol{ub}$ 为向量;$\boldsymbol{A}$、$\boldsymbol{Aeq}$ 为矩阵;$\boldsymbol{A}\cdot\boldsymbol{x}\leqslant\boldsymbol{b}$ 表示不等号约束;$\boldsymbol{Aeq}\cdot\boldsymbol{x}=\boldsymbol{beq}$ 表示等号约束;$\boldsymbol{beq}$ 表示相应的常数项向量;$\boldsymbol{lb}$、$\boldsymbol{ub}$ 分别表示决策变量 x 的上、下限向量。

其他形式的线性规划问题都可以经过适当变换化为此标准形式,如若目标函数不是最小,则在目标函数加负号。Matlab 解上述问题的命令是:

```
输入 f=[ ]          % 目标函数中的系数向量
```

```
    A=[    ];  % 矩阵A
    b=[    ];  % 向量b
    Aeq=[ ];   % 矩阵Aeq
    beq=[ ];   % 矩阵beq
    lb=[ ];    % 决策变量的下界向量
    ub=[ ]; % 决策变量的上界向量
[x,fval]=linprog(f,A,b,Aeq,beq,lb,ub)
```

注:若没有不等式约束 $\boldsymbol{A}\cdot\boldsymbol{x}\leqslant\boldsymbol{b}$,则 $\boldsymbol{A}=[\ ],\boldsymbol{b}=[\ ]$;

若没有等式约束 $\boldsymbol{Aeq}\cdot\boldsymbol{x}=\boldsymbol{beq}$,则 $\boldsymbol{Aeq}=[\ ],\boldsymbol{beq}=[\ ]$。

输出

```
 x =    (最优解)
fval =    (目标函数的最优值)
```

例 3.2.1 用 Matlab 解例 3.1.1。

解:输入

```
f=[80;90];
a=[3 4;0.35 0.25];
b=[300 21];
[x,fval]=linprog(-f,a,b,[],[],zeros(2,1))
```

输出

```
x =13.8462
   64.6154
fval = -6.9231e+003
```

即最优解为 $x_1=13.8462, x_2=64.6154$,获得最大利润 692310 元。

3.3 线性规划问题的几类应用模型

例 3.3.1 (产品结构优化问题)一奶制品加工厂用牛奶生产 A_1、A_2 两种奶制品,1 桶牛奶可以在设备甲上用 12h 加工成 3kgA_1,或者在设备乙上用 8h 加工成 4kgA_2。根据市场需求,生产的 A_1、A_2 能全部售出,且每 kgA_1 获利 24 元,每 kgA_2 获利 16 元。现在加工厂每天能得到 50 桶牛奶的供应,每天正式工人总的劳动时间为 480h,并且设备甲每天至多能加工 100kgA_1,设备乙的加工能力没有限制。试为该厂制订一个生产计划,使每天获利最大?

解:设每天用 x_1 桶牛奶生产 A_1,用 x_2 桶牛奶生产 A_2,每天获利为 z 元。

x_1 桶牛奶可生产 $3x_1$kgA_1,获利 $24\times 3x_1$,x_2 桶牛奶可生产 $4x_2$kgA_2,获利 $16\times 4x_2$,故 $z=72x_1+64x_2$。

原料供应:生产 A_1、A_2 的原料(牛奶)总量不超过每天的供应 50 桶,即

$$x_1+x_2\leqslant 50$$

劳动时间:生产 A_1、A_2 的总加工时间不超过每天正式工人总的劳动时间 480h,即

$$12x_1+8x_2\leqslant 480$$

设备能力:A_1的产量不得超过设备甲每天的加工能力 100h,即

$$3x_1 \leqslant 100$$

非负约束:x_1、x_2 均不能为负值,即 $x_1 \geqslant 0, x_2 \geqslant 0$

综上所述可得

$$\max z = 72x_1 + 64x_2$$

$$\begin{cases} x_1 + x_2 \leqslant 50 \\ 12x_1 + 8x_2 \leqslant 480 \\ 3x_1 \leqslant 100 \\ x_1 \geqslant 0, x_2 \geqslant 0 \end{cases}$$

对应的 Matlab 求解程序为:

输入

```
f =[72;64];
a =[1 1;12 8;3 0];
b =[50 480 100];
[x,fval] = linprog( - f,a,b,[],[],zeros(2,1))
```

输出

```
x  =20.0000
    30.0000
fval =  -3.3600e +003
```

即加工奶制品的生产计划为:20 桶牛奶生产 A_1，30 桶生产 A_2,利润 3360 元。

例 3.3.2(投资问题)　某部门在今后 5 年内考虑给下列项目投资:

项目 1:从第 1 年到第 4 年每年年初需要投资,并于次年末收回本利 115%；

项目 2:第 3 年初需要投资,到第 5 年末收回本利 125%,但规定最大的投资额不超过 4 万元;

项目 3:第 2 年初需要投资,到第 5 年末收回本利 140%,但规定最大的投资额不超过 3 万元;

项目 4:5 年内每年初可购买国债,于当年末还,并加利息 6%。

设该部门现有资金 10 万元,问应如何确定这些项目的投资额,使第 5 年末拥有的资金本利总额最大。

解:设 $x_{ij}(i=1,2,3,4,5;j=1,2,3,4)$ 表示第 i 年年初投资于项目 j 的金额,根据题意,可得

第 1 年:$x_{11} + x_{14} = 10$

第 2 年:$x_{21} + x_{23} + x_{24} = (1 + 6\%)x_{14}$

第 3 年:$x_{31} + x_{32} + x_{34} = 1.15x_{11} + 1.06x_{24}$

第 4 年:$x_{41} + x_{44} = 1.15x_{21} + 1.06x_{34}$

第 5 年:$x_{54} = 1.15x_{31} + 1.06x_{44}$

对项目 2、3 的投资有限额的规定,有

$$x_{32} \leqslant 4, x_{23} \leqslant 3$$

第 5 年末该部门拥有的资金本利总额为

$$S = 1.40x_{23} + 1.25x_{32} + 1.15x_{41} + 1.06x_{54}$$

建立线性规划模型：

$$\max \quad S=1.40x_{23}+1.25x_{32}+1.15x_{41}+1.06x_{54}$$

$$\begin{cases} x_{11}+x_{14}=10 \\ x_{21}+x_{23}+x_{24}-1.06x_{14}=0 \\ x_{31}+x_{32}+x_{34}-1.15x_{11}-1.06x_{24}=0 \\ x_{41}+x_{44}-1.15x_{21}-1.06x_{34}=0 \\ x_{54}-1.15x_{31}-1.06x_{44}=0 \\ x_{32}\leqslant 4 \\ x_{23}\leqslant 3 \\ x_{ij}\geqslant 0 \quad (i=1,2,\cdots,5;j=1,2,\cdots,4) \end{cases}$$

对应的 Matlab 求解程序为

```
c=[0,0,0,-1.4,0,0,-1.25,0,-1.15,0,-1.06]';
A=[0,0,0,0,0,0,1,0,0,0,0;0,0,0,1,0,0,0,0,0,0,0];
b=[4,3];
Aeq=[1,1,0,0,0,0,0,0,0,0,0;0,-1.06,1,1,1,0,0,0,0,0,0;-1.15,0,0,0,-1.06,1,
1,1,0,0,0;0,0,-1.15,0,0,0,0,-1.06,1,1,0;0,0,0,0,0,-1.15,0,0,0,-1.06,1];
beq=[10,0,0,0,0];
lb=zeros(11,1);
[x,fval]=linprog(c,A,b,Aeq,beq,lb)
```

输出结果为

```
x=
    6.5508  3.4492  0.6561  3.0000  0.0000  2.0066  4.0000  1.5268  2.3730
0.0000 2.3076
fval=
  -14.3750
```

即第5年末该部门拥有的资金总额为14.375万元，盈利43.75%。

例3.3.3 某河流旁设置有甲、乙两座化工厂，如图3-3-1所示，已知流经甲厂的河水日流量为$500\times10^4\text{m}^3$，在两厂之间有一条河水日流量为$200\times10^4\text{m}^3$的支流。甲、乙两厂每天生产工业污水分别为$2\times10^4\text{m}^3$和$1.4\times10^4\text{m}^3$，甲厂排出的污水经过主流和支流交叉点P后已有20%被自然净化。按环保要求，河流中工业污水的含量不得超过0.2%，为此两厂必须自行处理一部分工业污水，甲、乙两厂处理每万立方米污水的成本分别为1000元和800元。问：在满足环保要求的条件下，各厂每天应处理多少污水，才能使两厂的总费用最少？试建立线性规划模型，并求解。

解：设甲、乙两厂每天分别处理污水量为x、y（单位：10^4m^3）。

目标函数：$\min z=1000x+800y$

在甲厂到P点之间，河水中污水含量不得超过0.2%，所以满足

$$\frac{2-x}{500}\leqslant\frac{2}{1000}$$

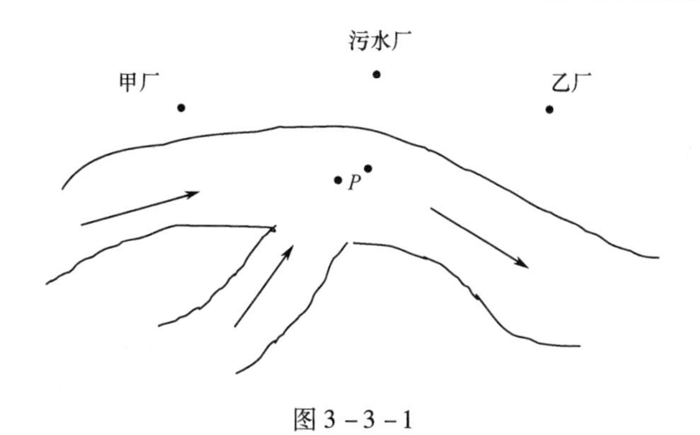

图 3-3-1

在点 P 到乙厂之间，河水中污水含量也不得超过 0.2%，所以应满足

$$\frac{(2-x)(1-0.2)}{500+200} \leqslant \frac{2}{1000}$$

流经乙厂以后，河水中污水含量仍不得超过 0.2%，所以应满足

$$\frac{(2-x)(1-0.2)+(1.4-y)}{500+200} \leqslant \frac{2}{1000}$$

综上，得线性规划模型：

$$\min z = 1000x + 800y$$

$$\begin{cases} x \geqslant 1 \\ 0.8x + y \geqslant 1.6 \\ x \leqslant 2 \\ y \leqslant 1.4 \\ x \geqslant 0, y \geqslant 0 \end{cases}$$

对应的 Matlab 求解程序为

输入

```
f=[1000 800]';
a=[-1 0;-0.8 -1;1 0;0 1];
b=[-1 -1.6 2 1.4];
lb=[0 0];
[x,y]=linprog(f,a,b,[],[],lb)
```

输出

```
x = 1.0000
    0.8000
y = 1.6400e+003
```

结果为 $x = 1\times10^4\text{m}^3$，$y = 0.8\times10^4\text{m}^3$，总费用最少为 1640 元。

例 3.3.4　某农场Ⅰ、Ⅱ、Ⅲ等耕地的面积分别为 100hm^2、300hm^2 和 200hm^2，计划种植水稻、大豆和玉米，要求三种作物的最低收获量分别为 190000kg、130000kg 和 350000kg。Ⅰ、Ⅱ、Ⅲ等耕地种植三种作物的单产如表 3-3-1 所列。若三种作物的售价分别为水稻 1.20 元/kg，大豆 1.50 元/kg，玉米 0.80 元/kg。那么，(1) 如何制订种植计划，才能使总产量最大？(2)如何制订种植计划，才能使总产值最大？

表 3-3-1　不同等级耕地种植不同作物的单产　　（单位：kg/hm^2）

单产＼耕地 作物	Ⅰ等耕地	Ⅱ等耕地	Ⅲ等耕地
水稻	11 000	9 500	9 000
大豆	8 000	6 800	6 000
玉米	14 000	12 000	10 000

首先根据题意建立线性规划模型（决策变量设置如表 3-3-2 所列，表中 x_{ij} 表示第 i 种作物在第 j 等级的耕地上的种植面积）。

表 3-3-2　作物计划种植面积　　（单位：hm^2）

面积＼耕地 作物	Ⅰ等耕地	Ⅱ等耕地	Ⅲ等耕地
水稻	x_{11}	x_{12}	x_{13}
大豆	x_{21}	x_{22}	x_{23}
玉米	x_{31}	x_{32}	x_{33}

耕地面积约束：$\begin{cases} x_{11}+x_{21}+x_{31}\leqslant 100 \\ x_{12}+x_{22}+x_{32}\leqslant 300 \\ x_{13}+x_{23}+x_{33}\leqslant 200 \end{cases}$

最低收获量约束：$\begin{cases} -11000x_{11}-9500x_{12}-9000x_{13}\leqslant -190000 \\ -8000x_{21}-6800x_{22}-6000x_{23}\leqslant -130000 \\ -14000x_{31}-12000x_{32}-10000x_{33}\leqslant -350000 \end{cases}$

非负约束：$x_{ij}\geqslant 0(i=1,2,3;j=1,2,3)$

(1) 追求总产量最大，目标函数为

$$\begin{aligned} \min z = & -11000x_{11}-9500x_{12}-9000x_{13}-8000x_{21}-6800x_{22} \\ & -6000x_{23}-14000x_{31}-12000x_{32}-10000x_{33} \end{aligned}$$

(2) 追求总产值最大，目标函数为

$$\begin{aligned} \min z = & -1.20(11000x_{11}+9500x_{12}+9000x_{13}) \\ & -1.50(8000x_{21}+6800x_{22}+6000x_{23}) \\ & -0.80(14000x_{31}+12000x_{32}+10000x_{33}) \\ = & -13200x_{11}-11400x_{12}-10800x_{13} \\ & -12000x_{21}-10200x_{22}-9000x_{23} \\ & -11200x_{31}-9600x_{32}-8000x_{33} \end{aligned}$$

根据求解函数 linprog 中的参数含义，列出系数矩阵，目标函数系数矩阵，以及约束条件等。这些参数中没有的设为空。例如：

(1) 当追求总产量最大时，只要将参数

f=[-11000　-9500　-9000　-8000　-6800　-6000　-14000　-12000　-10000];

A =[1.0000 0.0000 0.0000 1.0000 0.0000 0.0000 1.0000 0.0000 0.0000;
0.0000 1.0000 0.0000 0.0000 1.0000 0.0000 0.0000 1.0000 0.0000;
0.0000 0.0000 1.0000 0.0000 0.0000 1.0000 0.0000 0.0000 1.0000;
-11000.0000 -9500.0000 -9000.0000 0.0000 0.0000 0.0000 0.0000
0.0000 0.0000;
0.0000 0.0000 0.0000 -8000.0000 -6800.0000 -6000.0000
0.0000 0.0000 0.0000;
0.0000 0.0000 0.0000 0.0000 0.0000 0.0000 -14000.0000 -12000.0000
-10000.0000];
b =[100 300 200 -190000 -130000 -350000];
lb =[0.0000 0.0000 0.0000 0.0000 0.0000 0.0000 0.0000 0.0000 0.0000];
代入求解函数 [xopt fxopt] = linprog(f,A,b,[ ],[ ],lb,[ ])即可求得结果。
(2) 当追求总产值最大时,将参数
f =[-13200 -11400 -10800 -12000 -10200 -9000 -11200 -9600 -8000];
A =[1.0000 0.0000 0.0000 1.0000 0.0000 0.0000 1.0000 0.0000 0.0000;
0.0000 1.0000 0.0000 0.0000 1.0000 0.0000 0.0000 1.0000 0.0000;
0.0000 0.0000 1.0000 0.0000 0.0000 1.0000 0.0000 0.0000 1.0000;
-11000.0000 -9500.0000 -9000.0000 0.0000 0.0000 0.0000 0.0000
0.0000 0.0000;
0.0000 0.0000 0.0000 -8000.0000 -6800.0000 -6000.0000 0.0000
0.0000 0.0000;
0.0000 0.0000 0.0000 0.0000 0.0000 0.0000 -14000.0000 -12000.0000
-10000.0000];
b =[100 300 200 -190000 -130000 -350000];
lb =[0.0000 0.0000 0.0000 0.0000 0.0000 0.0000 0.0000 0.0000 0.0000];
代入求解函数 [xopt fxopt] = linprog(f,A,b,[ ],[ ],lb,[ ])即可得到求解结果。

例 3.3.5　下料问题(合理下料是机械制造、服装鞋帽、建筑装饰等行业需要经常考虑的问题)。

某钢管零售商从钢管厂进货,将钢管按照顾客要求的长度进行切割,称为下料。假定进货时得到的原料钢管长度都是 19m。现有一客户需要 50 根长 4m、20 根长 6m 和 15 根长 8m 的钢管,应如何下料最节省?

问题分析:对于下料问题首先要确定采用哪些切割模式。所谓切割模式,是指按照顾客要求的长度在原料钢管上安排切割的一种组合。例如,我们可以将 19m 的钢管切割成 3 根长 4m 的钢管,余料为 7m;或者将长 19m 的钢管切割成长 4m、6m 和 8m 的钢管各 1 根,余料为 1m。显然,可行的切割模式是很多的。

其次,应当明确哪些切割模式是合理的。合理的切割模式通常还假设余料不应大于或等于客户需要钢管的最小尺寸。例如,可以将长 19m 的钢管切割成 3 根 4m 的钢管是可行的,但余料为 7m,可进一步将 7m 的余料切割成 4m 钢管(余料为 3m),或者将 7m 的余料切割成 6m 钢管(余料为 1m)。经过简单的计算可知,合理切割模式一共有 7 种,如

表 3-3-3 所列：

表 3-3-3　钢管下料问题的合理切割模式

模式	4m 钢管根数	6m 钢管根数	8m 钢管根数	余料/m
1	4	0	0	3
2	3	1	0	1
3	2	0	1	3
4	1	2	0	3
5	1	1	1	1
6	0	3	0	1
7	0	0	2	3

于是问题转化为在满足客户需要的条件下，按照哪几种合理的模式，每种模式切割多少根原料钢管最为节省。而所谓节省，可以有两种标准：一是切割后剩余的总余料量最小；二是切割原料钢管的总根数最少。下面将对切割后剩余的总余料量最小为目标进行讨论。

用 x_i 表示按照表 3-3-3 第 i 种模式（$i=1,2,\cdots,7$）切割的原料钢管的根数，若以切割后剩余的总余料量最小为目标，则按照表 3-3-3 最后一列可得

$$\min z=3x_1+x_2+3x_3+3x_4+x_5+x_6+3x_7$$

约束条件为客户的需求，按照表 3-3-3 应有

$$\begin{cases}4x_1+3x_2+2x_3+x_4+x_5\geqslant 50\\ x_2+2x_4+x_5+3x_6\geqslant 20\\ x_3+x_5+2x_7\geqslant 15\end{cases}$$

最后，切割的原料钢管的根数 x_i 显然应当是非负整数（用 $\mathbf{Z}$ 表示整数集合，$\mathbf{Z}^+$ 表示非负整数集合）：

$$x_i\in\mathbf{Z}^+\quad(i=1,2,\cdots,7)$$

注：线性规划模型中，再加上决策变量取整数的约束条件，就成为线性整数规划模型。上述问题就是整数规划问题。

若把一个整数规划当成线性规划问题来解，求得的解正好是整数，则它就是整数规划问题的最优解；若求得的解不是整数，则将其四舍五入取整后得到的结果不一定是整数规划问题的最优解。此点可通过下例说明。

例 3.3.6　某工厂生产甲、乙两种设备，已知生产这两种设备需要消耗材料 A、材料 B，有关数据如表 3-3-4 所列，问这两种设备各生产多少使工厂利润最大。

表 3-3-4

设备 材料	甲	乙	资源限量
材料 A/kg	2	3	14
材料 B/kg	1	0.5	4.5
利润/(元/件)	3	2	

解:设生产甲、乙这两种设备的数量分别为 x_1、x_2,由于是设备台数,则其变量都要求为整数,建立模型如下:

$$\max z = 3x_1 + 2x_2$$

$$\begin{cases} 2x_1 + 3x_2 \leqslant 14 & ① \\ x_1 + 0.5x_2 \leqslant 4.5 & ② \\ x_1, x_2 \geqslant 0 & ③ \\ x_1, x_2 \text{ 为整数} & ④ \end{cases}$$

这里把它当成线性规划问题来解,输入

```
f =[3;2];
a =[2 3;1 0.5];
b =[14 4.5];
[x,fval] = linprog( - f,a,b,[],[],zeros(2,1))
```

输出

```
x  = 3.2500
     2.5000
fval =  -14.7500
```

为了满足整数解的条件,初看起来,只要对相应线性规划的非整数解四舍五入取整就可以了。要求该模型的解,首先不考虑整数约束条件④,对相应线性规划求解,其最优解为

$$x_1 = 3.25 \quad x_2 = 2.5 \quad \max z = 14.75$$

由于 $x_1 = 3.25$,$x_2 = 2.5$ 都不是整数,不符合整数约束条件。用四舍五入凑整的办法能否得到最优解呢?

取 $x_1 = 4$,$x_2 = 2$ 代入约束条件,破坏约束②;取 $x_1 = 3$,$x_2 = 2$ 代入约束条件,满足要求,此时 $z = 13$,但这不是最优解,因为 $x_1 = 4$,$x_2 = 1$ 时,$z = 14$。

由此可知,用这种四舍五入或凑整的方法找不到最优解。下面是用图解的方法来寻找整数解的过程。

图 3－3－2 中 $ABCD$ 为相应线性规划的可行域,可行域中画(+)号的点为可行的整数解,凑整得到的(4,2)不在可行域范围内,(3,2)点尽管在可行域内,但没有使目标函数达到极大值。为了使目标函数达到极大值,使目标函数等值线向背离原点方向平行移动,直到遇到(4,1)点为止,使目标函数达到最大,即 $z = 14$。故整数规划最优解不能按照实数最优解简单取整而获得。求解整数规划的方法有分枝定界法和割平面法。解整数规划问题的软件有 LINGO(这里不作介绍,感兴趣的读者可参考相关书籍)。

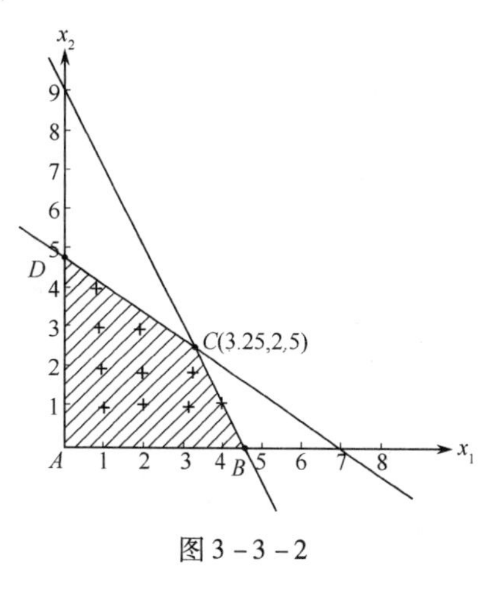

图 3－3－2

习 题 三

1. 某养鸡场饲养一批小鸡,对小鸡健康成长的基本营养元素有三种,简单地称为A、B、C。这批小鸡每日对这三种营养的最低需要量是:元素A为12单位,元素B为36单位,元素C为恰好为24单位,C元素不够或过量都是有害的。现市场供应的饲料有甲、乙两种,甲饲料每千克5元,所含的营养元素A为2单位,B为2单位,C为2单位;乙饲料每千克4元,所含的营养元素A为1单位,B为9单位,C为3单位。养鸡场负责人希望得到甲、乙两种饲料的混合饲料最优配比,既能满足小鸡健康成长的需要,又能降低饲料的费用。

2. 设有两个煤厂甲和乙,每月进煤数量分别为60t和100t,联合供应三个居民区A、B、C;三个居民区每月对煤的需求量依次为50t、70t和40t。

煤厂到各个居民区的运输费用如下表所列,如何分配供煤量使得总费用最少?(单元:元)

	A	B	C
甲	10	5	6
乙	4	8	12

3. 某工厂生产甲、乙两种产品,生产1t甲种产品需要A种原料4t、B种原料12t,产生的利润为2万元;生产乙种产品需要A种原料1t、B种原料9t,产生的利润为1万元。现有库存A种原料10t、B种原料60t,如何安排生产才能使利润最大?

4. 某制药厂生产甲、乙两种药品,生产这两种药品要消耗某种维生素。生产每吨药品所需的维生素量,所占用的设备时间,以及该厂每周可提供的资源总量如下表所列。

	每吨产品的消耗		每周资源总量
	甲	乙	
维生素/kg	30	20	160
设备/台班	5	1	15

已知该厂生产每吨甲、乙药品的利润分别为5万元和2万元。但根据市场需求调查的结果,甲药品每周的产量不应超过4t。问该厂应如何安排两种药品的产量才能使每周获得的利润最大。

5. 制订投资计划时,不仅要考虑可能获得的盈利,而且要考虑可能出现的亏损,某投资人打算投资甲、乙两个项目,根据预测,甲、乙两个项目可能的最大盈利率分别为100%和50%,可能的最大亏损率分别为30%和10%,投资人计划投资金额不超过10万元,要求确保可能的资金亏损不超过1.8万元。问投资人对甲、乙两个项目如何投资,才能使可能的盈利最大,试建立线性规划模型。

6. 某小型工厂计划每周花71元在两个小型电影院加映广告片,推销该厂的产品,为了获得更多的观众,要合理地在两个电影院里分配经费。已知甲电影院加映广告片的时间为4min,每放映一次要付12元,预计每次有200人观看,该电影院每周仅能为该厂提供13min广告时间;乙电影院广告片的时间为2min,每次收费16元,预计每次300人观看,该电影院仅能为该厂提供 7min 广告时间。若观众人数以百人计,试建立数学模型解答。

7. 某工厂拥有 A、B、C 三种类型的设备,生产甲、乙两种产品,每件产品在生产中需要占用的设备时数、每件产品可以获得的利润以及三种设备可利用的时数如下表所列。

	产品甲	产品乙	设备能力/h
设备 A	3	2	65
设备 B	2	1	40
设备 C	0	3	75
利润/(元/件)	1500	2500	

问工厂应如何安排生产可获得最大的利润。

8. SAILCO 公司需要决定下四个季度的帆船生产量。下四个季度帆船的需求量分别是 40 条、60 条、75 条、25 条,这些需求必须按时满足,每个季度正常的生产能力是 40 条帆船,每条船的生产费用为 400 美元。如果加班生产,每条船的生产费用为 450 美元。每个季度末,每条帆船的库存费用为 20 美元。假定初始库存为 10 条帆船,如何安排生产,使总费用最小?

9. 现要做 100 套钢架,每套用长为 2.9m、2.1m 和 1.5m 的元钢各一根。已知原料长 7.4m,问应如何下料,使用的原材料最省。

第四章

非线性规划与多目标决策

如果数学规划问题的目标函数是非线性函数或约束条件为非线性等式或不等式,就称这种为非线性规划问题。非线性规划同线性规划一样,它在经济、管理、计划,以及生产过程自动化方面都有极重要的应用。

4.1 非线性规划模型

一、非线性规划模型的基本概念

下面通过实例给出非线性规划数学模型的一般形式,介绍有关非线性规划的基本概念。

例 4.1.1 (投资决策问题)某企业有 n 个项目可供选择投资,并且至少要对其中一个项目投资。已知该企业拥有总资金 A 元,投资于第 $i(i=1,2,\cdots,n)$ 个项目需花资金 a_i 元,并预计可收益 b_i 元。试选择最佳投资方案。

解:设投资决策变量为

$$x_i=\begin{cases}1 & \text{决定投资第 } i \text{ 个项目}\\ 0 & \text{决定不投资第 } i \text{ 个项目}\end{cases}\quad (i=1,\cdots,n)$$

则投资总额为 $\sum\limits_{i=1}^{n} a_i x_i$,投资总收益为 $\sum\limits_{i=1}^{n} b_i x_i$。因为该公司至少要对一个项目投资,并且总的投资金额不能超过总资金 A,故有限制条件

$$0<\sum_{i=1}^{n} a_i x_i \leqslant A$$

另外,因为 $x_i(i=1,2,\cdots,n)$ 只取值 0 或 1,所以还有

$$x_i(1-x_i)=0 \quad (i=1,2,\cdots,n)$$

最佳投资方案应是投资额最小而总收益最大的方案,所以这个最佳投资决策问题归结为总资金以及决策变量(取 0 或 1)的限制条件下,极大化总收益和总投资之比。因此,其数学模型为

$$\max Q=\frac{\sum\limits_{i=1}^{n} b_i x_i}{\sum\limits_{i=1}^{n} a_i x_i}$$

$$\text{s.t.}\quad 0 < \sum_{i=1}^{n} a_i x_i \leqslant A$$
$$x_i(1 - x_i) = 0 \quad (i = 1,2,\cdots,n)$$

上面例题是在一组等式或不等式的约束下,求一个函数的最大值(或最小值)的数学规划问题。像这样的目标函数是非线性函数或约束条件中有非线性等式的数学规划问题称为非线性规划问题,简记为(NP)。可概括为一般形式

$$\min f(x)$$
$$\text{s.t.}\quad h_j(x) \leqslant 0 \quad (j=1,2,\cdots,q) \qquad \text{(NP)}$$
$$g_i(x) = 0 \quad (i=1,2,\cdots,p)$$

其中,$x = [x_1 \quad \cdots \quad x_n]^{\mathrm{T}}$ 称为模型(NP)的决策变量;f 称为目标函数;$g_i\,(i=1,2,\cdots,p)$ 和 $h_j(j=1,2,\cdots,q)$ 称为约束函数,约束函数中至少有一个不是线性函数。另外,$g_i(x) = 0(i=1,2,\cdots,p)$ 称为等式约束,$h_j(x) \leqslant 0\ (j=1,2,\cdots,q)$ 称为不等式约束。

二、几点注意

对于一个实际问题,在把它归结成非线性规划问题时,一般要注意如下几点:

(1) 确定供选方案:首先要收集同问题有关的资料和数据,在全面熟悉问题的基础上,确认什么是问题的可供选择的方案,并用一组变量来表示它们。

(2) 提出追求目标:经过资料分析,根据实际需要和可能,提出要追求极小化或极大化的目标,并且运用各种科学和技术原理,把它表示成数学关系式。

(3) 给出价值标准:在提出要追求的目标之后,要确立所考虑目标的“好”或“坏”的价值标准,并用某种数量形式来描述它。

(4) 寻求限制条件:由于所追求的目标一般都要在一定的条件下取得极小化或极大化效果,因此还需要寻找出问题的所有限制条件,这些条件通常用变量之间的一些不等式或等式来表示。

4.2　非线性规划的 Matlab 解法

一般说来,解非线性规划要比解线性规划问题困难得多。而且,也不像线性规划有单纯形法这一通用方法。非线性规划目前还没有适于各种问题的一般算法,各个方法都有自己特定的适用范围。但是随着计算机科学与技术的发展,像求解线性规划一样,人们可以利用数学软件来求解非线性规划问题。下面只介绍非线性规划的 Matlab 解法。

Matlab 中非线性规划的数学模型写成以下形式:

$$\min f(x)$$
$$\begin{cases} \boldsymbol{A}x \leqslant \boldsymbol{B} \\ \boldsymbol{Aeq} \cdot x = \boldsymbol{Beq} \\ \boldsymbol{C}(x) \leqslant 0 \\ \boldsymbol{Ceq}(x) = 0 \end{cases}$$

其中,$f(x)$ 是标量函数;$\boldsymbol{A}$、$\boldsymbol{B}$、$\boldsymbol{Aeq}$、$\boldsymbol{Beq}$ 是相应维数的矩阵和向量;$\boldsymbol{C}(x)$、$\boldsymbol{Ceq}(x)$ 是非线性向量函数。

Matlab 中的命令是

```
X = FMINCON(FUN,X0,A,B,Aeq,Beq,LB,UB,NONLCON,OPTIONS)
```

它的返回值是向量 $\boldsymbol{x}$,其中 FUN 是用 M 文件定义的函数 $f(x)$;X0 是 $\boldsymbol{x}$ 的初始值;$\boldsymbol{A}$,$\boldsymbol{B}$,$\boldsymbol{Aeq}$,$\boldsymbol{Beq}$ 定义了线性约束 $\boldsymbol{A}^{*}\boldsymbol{X}\leqslant\boldsymbol{B}$,$\boldsymbol{Aeq}*\boldsymbol{X}=\boldsymbol{Beq}$,如果没有等式约束,则 $\boldsymbol{A}=[\ ]$,$\boldsymbol{B}=[\ ]$,$\boldsymbol{Aeq}=[\ ]$,$\boldsymbol{Beq}=[\ ]$;LB 和 UB 是变量 $\boldsymbol{x}$ 的下界和上界,如果上界和下界没有约束,则 LB = [ ],UB = [ ],如果 x 无下界,则 LB = - inf,如果 x 无上界,则 UB = inf;NONLCON 是用 M 文件定义的非线性向量函数 $\boldsymbol{C}(x)$,$\boldsymbol{Ceq}(x)$;OPTIONS 定义了优化参数,可以使用 Matlab 缺省的参数设置。

用 Matlab 求解上述问题,基本步骤分三步:

(1) 首先建立 M 文件 fun. m,定义目标函数 F(X):

```
function f = fun(X);
f = F(X);
```

(2) 若约束条件中有非线性约束:C(X) ≤0 或 Ceq(X) = 0,则建立 M 文件 nonlcon. m 定义函数 C(X) 与 Ceq(X):

```
function [C,Ceq] = nonlcon(X)
C = …
Ceq = …
```

(3) 建立主程序。非线性规划求解的函数是 fmincon,命令的基本格式如下:

① x = fmincon('fun', X_0, A, b)

② x = fmincon('fun', X_0, A, b, Aeq, beq)

③ x = fmincon('fun', X_0, A, b, Aeq, beq, VLB, VUB)

④ x = fmincon('fun', X_0, A, b, Aeq, beq, VLB, VUB, 'nonlcon')

⑤ x = fmincon('fun', X_0, A, b, Aeq, beq, VLB, VUB, 'nonlcon', options)

⑥ [x, fval] = fmincon(…)

⑦ [x, fval, exitflag] = fmincon(…)

例 4.2.1 $\min f=-x_1-2x_2+\dfrac{1}{2}x_1^2+\dfrac{1}{2}x_2^2$

$$\begin{cases}2x_1+3x_2\leqslant 6\\ x_1+4x_2\leqslant 5\\ x_1,x_2\geqslant 0\end{cases}$$

解:写成标准形式

$$\min f=-x_1-2x_2+\frac{1}{2}x_1^2+\frac{1}{2}x_2^2$$

$$\begin{cases}\begin{pmatrix}2x_1+3x_2-6\\ x_1+4x_2-5\end{pmatrix}\leqslant\begin{pmatrix}0\\0\end{pmatrix}\\ \begin{pmatrix}0\\0\end{pmatrix}\leqslant\begin{pmatrix}x_1\\x_2\end{pmatrix}\end{cases}$$

Matlab 程序:

输入

```
function f = fun3(x);
f = -x(1) -2 * x(2) +(1/2) * x(1)^2 +(1/2) * x(2)^2    % 先建立 M-文件 fun3.m
x0 =[1;1];
A =[2 3 ;1 4]; b =[6;5];
Aeq =[];beq =[];
VLB =[0;0]; VUB =[];
[x,fval] = fmincon('fun3',x0,A,b,Aeq,beq,VLB,VUB)   % 再建立主程序 youh2.m
```

输出

```
x = 0.7647        1.0588
fval =     -2.0294
```

即,当 x_1 取 0.7647,x_2 取 1.0588 时,函数在约束条件下取得相应的最小值 −2.0294。

例 4.2.2　$\min f(x)=e^{x_1}(4x_1^2+2x_2^2+4x_1x_2+2x_2+1)$

$$
\begin{cases}
x_1+x_2=0\\
1.5+x_1x_2-x_1-x_2\leqslant 0\\
-x_1x_2-10\leqslant 0
\end{cases}
$$

解:输入

```
function f = fun4(x);
f =exp(x(1)) * (4 * x(1)^2 +2 * x(2)^2 +4 * x(1) * x(2) +2 * x(2) +1); % 建立 M 文件 fun4.m,定义目标函数
function [g,ceq] =mycon(x)
ceq =x(1) +x(2);
g =[1.5 +x(1) * x(2) -x(1) -x(2); -x(1) * x(2) -10]; % 建立 M 文件 mycon.m 定义非线性约束
x0 =[ -1;1];
A =[];b =[];
Aeq =[1 1];beq =[0];
vlb =[];vub =[];
[x,fval] = fmincon('fun4',x0,A,b,Aeq,beq,vlb,vub,'mycon') % 主程序 youh3.m
```

输出

```
x =  -1.2250    1.2250
fval = 1.8951
```

即,当 x_1 取 −1.2250,x_2 取 1.2250 时,函数在约束条件下取得相应的最小值 1.8951。

4.3　多目标决策

前面讲到的求解线性规划和非线性规划问题实际上都是在做一个决策——确定决策变量的一组取值使目标函数达到最优,因此都可以称为决策问题。而且这两类问题的目标函数是单一的,因此也称为单目标决策问题。但是,在实际中所遇到的决策问题,却常常要考虑多个目标。这些目标有的相互联系,有的相互制约,有的相互冲突,因而形成一种异常复杂的结构体系,使得决策问题变得非常复杂。

先看一例。

例 4.3.1 房屋设计。

某单位计划建造一栋家属楼,在已经确定地址及总建筑面积的前提下,作出了三个设计方案,现要求根据以下 5 个目标综合选出最佳的设计方案:

(1) 低造价(每平方米造价不低于 500 元,不高于 700 元);

(2) 抗震性能(抗震能力不低于里氏 5 级不高于 7 级);

(3) 建造时间(越快越好);

(4) 结构合理(单元划分、生活设施及使用面积比例等);

(5) 造型美观(评价越高越好)。

这三个方案的具体评价表如表 4-3-1 所列:

表 4-3-1 三种房屋设计方案的目标值

具体目标	方案 1(A1)	方案 2(A2)	方案 3(A3)
低造价/(元/米^2)	500	700	600
抗震性能/里氏级	6.5	5.5	6.5
建造时间/年	2	1.5	1
结构合理/定性	中	优	良
造型美观/定性	良	优	中

由表中可见,可供选择的三个方案各有优缺点。某一个方案对其中一个目标来说是最优者,从另一个目标角度来看就不见得是最优,可能是次优。例如,从造价低这个具体目标出发,则方案 1 较好;从合理美观的目标出发,方案 2 就不错;但如果从牢固性看,显然方案 3 最可靠等。

1. 多目标决策问题的基本特点

例 4.3.1 就是一个多目标决策问题,类似的例子可以举出很多。多目标决策问题除了目标不止一个这一明显的特点外,最显著的有以下两点:目标间的不可公度性和目标间的矛盾性。

目标间的不可公度性:是指各个目标没有统一的度量标准,因而难以直接进行比较。例如,房屋设计问题中,造价的单位是元/平方米,建造时间的单位是年,而结构、造型等则为定性指标。

目标间的矛盾性:是指如果选择一种方案以改进某一目标的值,可能会使另一目标的值变坏。例如,房屋设计中造型、抗震性能的提高可能会使房屋建造成本提高。

2. 多目标问题的三个基本要素

一个多目标决策问题一般包括目标体系、备选方案和决策准则三个基本因素。

目标体系:是指由决策者选择方案所考虑的目标组及其结构。

备选方案:是指决策者根据实际问题设计出的解决问题的方案。有的被选方案是明确的、有限的,而有的备选方案不是明确的,还有待于在决策过程中根据一系列约束条件解出。

决策准则:是指用于选择的方案的标准。通常有两类,一类是最优准则,可以把所有方案依某个准则排序。另一类是满意准则,它牺牲了最优性使问题简化,把所有方案分为几个有序的子集,如“可接受”与“不可接受”;“好的”“可接受的”“不可接受的”与“坏的”。

3. 几个基本概念

劣解:如某方案的各目标均劣于其他目标,则该方案可以直接舍去。这种通过比较可直接舍弃的方案称为劣解。

非劣解:既不能立即舍去,又不能立即确定为最优的方案称为非劣解。非劣解在多目标决策中起非常重要的作用。

单目标决策问题中的任意两个方案都可比较优劣,但在多目标时任何两个解不一定都可以比较出其优劣。如图4-3-1所示,希望f_1和f_2两个目标越大越好,则方案A和B、方案D和E相比就无法简单定出其优劣。但是方案E和方案I比较,显然E比I劣。而对方案I和H来说,没有其他方案比它们更好。而其他的解,有的两对之间无法比较,但总能找到令一个解比它们优。I、H这一类解就称为非劣解,而A、B、C、D、E、F、G称为劣解。

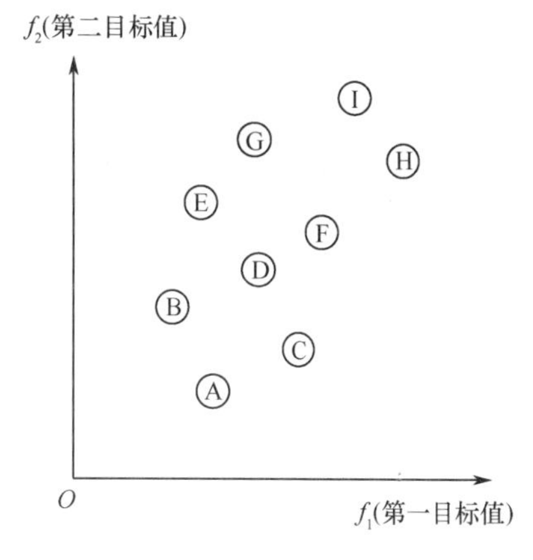

图4-3-1 劣解与非劣解

如果能够判别某一解是劣解,则可淘汰之。如果是非劣解,因为没有别的解比它优,就无法简单淘汰。倘若非劣解只有一个,当然就选它。问题是在一般情况下非劣解远不止一个,这就有待于决策者选择,选出来的解叫选好解。

4. 选好解

在处理多目标决策时,先找最优解,若无最优解,就尽力在各待选方案中找出非劣解,然后权衡非劣解,从中找出一个比较满意的方案。这个比较满意的方案就称为选好解。

单目标决策主要是通过对各方案两两比较,即通过辨优的方法求得最优方案。而多目标决策除了需要辨优以确定哪些方案是劣解或非劣解外,还需要通过权衡的方法来求得决策者认为比较满意的解。权衡的过程实际上就反映了决策者的主观价值和意图。

4.4 多目标决策的方法

本节主要介绍化多目标为单目标的方法、理想点法。

一、化多目标为单目标的方法

由于直接求多目标决策问题比较困难,而单目标决策问题又较易求解,因此就出现了先把多目标问题转换成单目标问题然后再进行求解的许多方法。下面介绍几种较为常见的方法。

1. 主要目标优化兼顾其他目标的方法

设有m个目标$f_1(x), f_2(x), \cdots, f_m(x), x \in \mathbf{R}$均要求为最优,但在这$m$个目标中有一个是主要目标,如为$f_1(x)$,并要求其为最大。在这种情况下,只要使其他目标值处于一定的数值范围内,即

$$f'_i \leqslant f_i(x) \leqslant f''_i \quad (i=2,3,\cdots,m)$$

就可把多目标决策问题转化为下列单目标决策问题：

$$\max_{x \in \mathbf{R}'} f_1(x)$$

$$R' = \{x \mid f'_i \leqslant f_i(x) \leqslant f''_i, i=2,3,\cdots,m; x \in \mathbf{R}\}$$

例 4.4.1 设某厂生产 A、B 两种产品以供应市场的需要。生产两种产品所需的设备台时、原料等消耗定额及其质量和单位产品利润等如表 4-4-1 所列。在制订生产计划时工厂决策者考虑了如下三个目标：第一，计划期内生产产品所获得的利润为最大；第二，为满足市场对不同产品的需要，产品 A 的产量必须为产品 B 的产量的 1.5 倍；第三，为充分利用设备台时，设备台时的使用时间不得少于 11 个单位。

表 4-4-1 产品消耗、利润表

消耗定额 产品 / 资源	A	B	限制量
设备台时/h	2	4	12
原料/t	3	3	12
单位利润/千元	4	3.2	

设 x_1 为产品 A 的产量，x_2 为产品 B 的产量，则上述利润最大作为主要目标，其他两个目标可作为约束条件，其数学模型如下：

$$\max z = 4x_1 + 3.2x_2$$

$$\begin{cases} 2x_1 + 4x_2 \leqslant 12 (\text{设备台式约束}) \\ 3x_1 + 3x_2 \leqslant 12 (\text{原料约束}) \\ x_1 - 1.5x_2 = 0 (\text{目标约束}) \\ 2x_1 + 4x_2 \geqslant 11 (\text{目标约束}) \\ x_1, x_2 \geqslant 0 \end{cases}$$

输入：

```
f=[-4,-3.2];A=[2,4;3,3;-2,-4];b=[12;12;-11];Aeq=[1,-1.5];
beq=[0];lb=[0;0];ub=[]
[x,favl]=linprog(f,A,b,Aeq,beq,lb,ub)
```

输出：

```
x =
    2.4000
    1.6000
favl =
-14.72002
```

2. 线性加权和法

设有一多目标决策问题，共有 $f_1(x), f_2(x), \cdots, f_m(x)$ 等 m 个目标，则可以对目标 $f_i(x)$ 分别给以权重系数 $\lambda_i (i=1,2,\cdots,m)$，然后构成一个新的目标函数如下：

$$\max F(x) = \sum_{i=1}^{m} \lambda_i f_i(x)$$

(λ_i 称为加权因子,其选取的方法很多,有专家打分法,容限法和加权因子分解法等)。计算所有方案的 $F(x)$ 值,从中找出最大值的方案,即为最优方案。

在多目标决策问题中,或由于各个目标的量纲不同,或有些目标值要求最大而有些要求最小,则可首先将目标值变换成效用值或无量纲值,然后再用线性加权和法计算新的目标函数值并进行比较,以决定方案取舍。

例 4.4.2 某厂拟从新研制的产品中选择甲、乙两种产品进行生产,由于对市场的需求预测不准,故对每种产品分别估计了在销售好和销售不好情况下的预期利润,产品均需经 A、B 两台设备加工,设备 A、B 可用的加工时间及有关利润预测如表 4-4-2 所列。

表 4-4-2

设备 \ 产品	甲	乙	工时
A	2	3	18
B	2	1	10
销售不好时预期利润	-3	2	
销售好时预期利润	4	3	

解:构造如下评价函数,即求如下模型的期望亏损值:

$$\min\{0.5 \times (3x_1 - 2x_2) + 0.5 \times (-4x_1 - 3x_2)\}$$

使得
$$\begin{cases} 2x_1 + 3x_2 \leqslant 18 \\ 2x_1 + x_2 \leqslant 10 \\ x_1 \geqslant 0, x_2 \geqslant 0 \end{cases}$$

Matlab 求解:

输入:
```
f=[-0.5;-2.5];A=[2,3;2,1];b=[18,10];lb=[0;0];
x=linprog(f,A,b,[],[],lb)
```
输出:
```
x =
    0.0000
    6.0000
```
则对应的目标值分别为 $f_1(x) = 12$(元),$f_2(x) = 18$(元)。

二、理想点法

例 4.4.3 某厂拟从新研制的产品中选择甲、乙两种产品进行生产,由于对市场的需求预测不准,故对每种产品分别估计了在销售好和销售不好情况下的预期利润,产品均需经 A、B 两台设备加工,设备 A、B 可用的加工时间及有关利润预测如表 4-4-3 所列。

表 4-4-3

设备＼产品	甲	乙	工时
A	2	3	18
B	2	1	10
销售不好时预期利润	-3	2	
销售好时预期利润	4	3	

解:设甲、乙两种产品分别生产 x_1、x_2,则

$\max f_1(x) = -3x_1 + 2x_2$

$\max f_2(x) = 4x_1 + 3x_2$

使得
$$\begin{cases} 2x_1 + 3x_2 \leqslant 18 \\ 2x_1 + x_2 \leqslant 10 \\ x_1 \geqslant 0, x_2 \geqslant 0 \end{cases}$$

Matlab 求解:先分别对单目标求解。

(1) 求解 $f_1(x)$ 最优解的 Matlab 程序为:

输入:
```
f=[3;-2];A=[2,3;2,1];b=[18;10];lb=[0;0];
[x,fval]=linprog(f,A,b,[],[],lb)
```

输出:Optimization terminated。

```
x =
    0.0000
    6.0000
fval =
  -12.0000
```
即最优解为 12。

(2) 求解 $f_2(x)$ 最优解的 Matlab 程序为:

```
f=[-4,-3];A=[2,3;2,1];b=[18,10];lb=[0;0];
[x,fval]=linprog(f,A,b,[],[],lb)
Optimization terminated。
x =
    3.0000
    4.0000
fval =
  -24.0000
```
即最优解为 24。

于是得到理想点(12,24)。

然后求如下模型的最优解:

$$\min\varphi[f(x)] = \sqrt{[f_1(x) - 12]^2 + [f_2(x) - 24]^2}$$

使得
$$\begin{cases} 2x_1 + 3x_2 \leqslant 18 \\ 2x_1 + x_2 \leqslant 10 \\ x_1 \geqslant 0, x_2 \geqslant 0 \end{cases}$$

Matlab 程序为:

输入:
```
A=[2,3;2,1];b=[18,10];x0=[1;1];lb=[0;0];
x=fmincon('((-3*x(1)+2*x(2)-12)^2+(4*x(1)+3*x(2)-24)^2)^(1/2)',
x0,A,b,[],[],lb,[])
```
输出:
```
x =
    0.5268
    5.6488
```
则对应的目标值分别为$f_1(x)=9.7172$,$f_2(x)=19.0536$。

习 题 四

1. 某工厂向用户提供发动机,按合同规定,其交货数量和日期是:第一季度末交40台,第二季末交60台,第三季末交80台。工厂的最大生产能力为每季100台,每季的生产费用是$f(x)=50x+0.2x^2$(元),此处x为该季生产发动机的台数。若工厂生产的多,多余的发动机可移到下季向用户交货,这样,工厂就需支付存储费,每台发动机每季的存储费为4元。问该厂每季应生产多少台发动机,才能既满足交货合同,又使工厂所花费的费用最少(假定第一季度开始时发动机无存货)。

2. 某厂拟从下列四种新研制的产品中组织并选择两种产品进行生产。由于对市场的需求预测不准,故对每种产品分别估计了在销售好和销售不好情况下的预期利润,上述四种产品均需经A、B两台设备加工,设备A、B可用的加工时间及有关利润预测如下表所列。

单位加工时间 \ 产品 \ 设备	1	2	3	4	工时
A	4	3	6	5	45
B	2	5	6	5	30
销售好时预期利润/(元/件)	8	6	10	12	
销售不好时预期利润/(元/件)	5	5	6	4	

要求:(1)分别列出各生产方案的多目标决策模型;

(2)对目标f_1、f_2分别求解,并在以f_1、f_2为坐标轴的直角平面坐标系上标出各个方案解的相应点。

3. 用理想点法求解下列多目标决策问题:

$$f_1(x)=\max\{4x_1+4x_2\}$$
$$f_2(x)=\max\{x_1+6x_2\}$$
$$\begin{cases}3x_1+2x_2\leqslant 12\\2x_1+6x_2\leqslant 22\\x_1\geqslant 0,x_2\geqslant 0\end{cases}$$

第五章

对策论

对策论(game theory)又称博奕论、策略运筹学等。对策论的主要研究对象是带有对抗性质的现象。它是在竞争场合下,双方(或多方)如何针对对手采取策略使自己一方得到最有利结果的一种定量分析方法。

5.1 对策论的基本概念

虽然对策来源于竞争,但并非所有的竞争都构成对策。例如,两个人玩掷一粒骰子竞赛,出现点数最多者获胜,这只是两人竞争胜负,但不构成对策,而两个孩子玩锤子、剪刀、布的游戏,就构成对策。也就是说要构成对策,必须具备对策的基本要素。下面用我国古代"齐王赛马"的例子来说明对策的基本概念。

在战国时期,齐国的国王有一天提出要与田忌进行赛马。田忌答应后,双方约定:①各自出三匹马;②从上、中、下三个等级的马中各出一匹;③每匹马都得参加比赛,而且只参加一次;④每次比赛各出一匹马,一共比赛三次;⑤每次比赛后负者要付给胜者千金。当时的情况是:在同等级的马中,田忌的马不如齐王的马,因而从总体情况来看,田忌要输掉千金了。但是,如果田忌的马比齐王的马高一等级,则田忌的马可取胜。于是,田忌的好友孙膑便给田忌出了个主意:①每次比赛先让齐王说出他要出哪匹马;②叫田忌用下马对齐王的上马(负);③用中马对齐王的下马(胜);④用上马对齐王的中马(胜)。比赛结果:田忌二胜一负反而得千金。这是对策问题中以弱胜强的典型例子。

一、对策的三个基本要素

1. 局中人

我们把对策的每一方称为局中人(players)。这里的局中人必须是在一局对策中有权决定实施策略的人。在"齐王赛马"的例子中,局中人是齐王和田忌,而不是参加比赛的马,也不是田忌的好友。我们把一局对策中全体局中人的集合用符号 I 表示。

我们称只有两个局中人的对策现象为两人对策(two - person game),而多于两个局中人的对策称为多人对策。例如,"齐王赛马"就是一个两人对策。

2. 策略及策略集

我们把局中人预先拥有的用来对付其他局中人的完整的行动方案和手段,称为局中人的一个策略(strategy)。上面赛马例子中,齐王和田忌各有六个策略:①(上、中、下),②(上、下、中),③(中、上、下),④(中、下、上),⑤(下、中、上),⑥(下、上、中),这六个策略构成局中人的策略集。我们用符号 S_i 表示局中人 i 的策略集。

如果在一局对策中,各个局中人都有有限个策略,我们称为有限对策(finite game),否则称为无限对策(infinite game)。例如,“齐王赛马”就是一个有限对策。而市场竞争中,如将价格变动作为竞争者的策略,那么因价格变动可能有无限多个值,故可认为是无限对策。

3. 赢得及赢得函数

局中人采用不同策略对策时,各方总是有得或有失,统称赢得(payoff)或得失。在“齐王赛马”的例子中,最后田忌得1千金,而齐王损失1千金,即为这局对策(结局时)双方的赢得。可以用1和-1来表示。

实际上,每个局中人在一局对策结束时的赢得,是与局中人所选定的策略有关,例如,在“齐王赛马”的例子中,当齐王出策略(上、中、下),田忌出策略(下、上、中)时,田忌得千金;而如果齐王与田忌都出策略(上、中、下)时,田忌就得付出3千金了。所以用数学语言来说,一局对策结束时,每个局中人的赢得是全体局中人所取定的一组策略(称为策略组或局势,用S表示)的函数,通常称为赢得函数(payoff function),我们用符号 $H_i(S)$ 表示局中人 i 的赢得函数。

如果在任一局势中,全体局中人的赢得相加总和等于零时,这个对策就称为零和对策(zero-sum game),否则就称为非零和对策。例如,“齐王赛马”就是一个零和对策。

二、对策的数学模型

一个对策模型就是由局中人、策略集、赢得函数这三部分组成的,用符号

$$G=\{I=\{1,2,\cdots,n\},S_i,i\in I,H_i(S),i\in I\}$$

表示。

对策的进行过程是这样的:每个局中人都从自己的策略集合 S_i 中选出一个策略 $S^{(i)}$,$S^{(i)}\in S_i$,就组成一个局势 $S=(S^{(1)},S^{(2)},\cdots,S^{(n)})\in\prod_{i=1}^{n}S_i$,这里 $\prod_{i=1}^{n}S_i=\{(x_1,x_2,\cdots x_n)\mid x_i\in S_i,i=1,2,\cdots n\}$,把局势 S 代入每个局中人的赢得函数 $H_i(S)$ 中,局中人 i 就获得 $H_i(S)$,这局对策就结束了。

例 5.1.1　猜硬币游戏。

两个参加者甲、乙各出示一枚硬币,在不让对方看见的情况下,将硬币放在桌上,若两个硬币都呈正面或都呈反面,则甲得1分,乙付出1分;若两个硬币一反一正,则乙得1分,甲付出1分。

这时甲、乙分别是局中人甲和局中人乙,他们各有两个策略,出示硬币的正面或反面。用 α_1、α_2 分别表示局中人甲出示正面和反面这两个策略;用 β_1、β_2 分别表示局中人乙出示正面和反面这两个策略。$S_1=\{\alpha_1,\alpha_2\}$,$S_2=\{\beta_1,\beta_2\}$。当两个局中人分别从自己的策略集中选定一个策略以后,就得到一个局势,这个游戏的局势集合是 $S_1\times S_2=\{(\alpha_1,\beta_1),(\alpha_1,\beta_2),(\alpha_2,\beta_1),(\alpha_2,\beta_2)\}$。两个局中人的赢得函数 H_1、H_2 是定义在局势集合上的函数,由给定的规则可得到

$$H_1(\alpha_1,\beta_1)=1,H_1(\alpha_1,\beta_2)=-1,H_1(\alpha_2,\beta_1)=-1,H_1(\alpha_2,\beta_2)=1$$
$$H_2(\alpha_1,\beta_1)=-1,H_2(\alpha_1,\beta_2)=1,H_2(\alpha_2,\beta_1)=1,H_2(\alpha_2,\beta_2)=-1$$

在众多对策模型中，占有重要地位的是二人零和对策（finite two - person zero - sum game），这类对策中赢得函数可用矩阵表示，又称为矩阵对策。

5.2 矩阵对策

一、矩阵对策的数学模型

矩阵对策是指这样的对策：有两个局中人，每个局中人的策略集都是有限的，即 $S_1=\{\alpha_1,\alpha_2,\cdots,\alpha_m\}$，$S_2=\{\beta_1,\beta_2,\cdots,\beta_n\}$，两个局中人的赢得函数 H_1、H_2 具有性质 $H_1+H_2=0$。这类对策的局势集合是

$$S_1\times S_2=\{(\alpha_i,\beta_j)\mid i=1,2,\cdots,m;j=1,2,\cdots,n\}$$

包含 mn 个局势。

设 $H_1(\alpha_i,\beta_j)=a_{ij}(i=1,2,\cdots,m;j=1,2,\cdots,n)$

就有 $H_2(\alpha_i,\beta_j)=-a_{ij}(i=1,2,\cdots,m;j=1,2,\cdots,n)$

这样赢得函数就可以用一个 $m\times n$ 阶矩阵 $\boldsymbol{A}=(a_{ij})$ 来表示，称为赢得矩阵（或支付矩阵）。

于是，我们就得到矩阵对策的数学模型为

$$G=\{S_1,S_2,A\}$$

其中，$S_1=\{\alpha_1,\alpha_2,\cdots,\alpha_m\}$，$S_2=\{\beta_1,\beta_2,\cdots,\beta_n\}$，$\boldsymbol{A}=(a_{ij})_{m\times n}$。前面例 5.2.1 就是一个矩阵对策，其模型为

$$G=\{S_1,S_2,\boldsymbol{A}\}$$

其中 $S_1=\{\alpha_1,\alpha_2\}$，$S_2=\{\beta_1,\beta_2\}$，$\boldsymbol{A}=\begin{pmatrix}1&-1\\-1&1\end{pmatrix}$。

二、矩阵对策的解

对于一个确定的矩阵对策，如何求出对策的解，也就是两个局中人如何选择自己的策略来对付对方，使得自己的收益最大或损失最小，这是下面我们要讨论的问题。

下面分两种情况讨论矩阵对策的解。

1. 有鞍点的对策

例 5.2.1 设一矩阵对策 $\boldsymbol{G}=\{S_1,S_2,A\}$，其中 $S_1=\{\alpha_1,\alpha_2,\alpha_3\}$ 为局中人甲的策略集，$\boldsymbol{S}_2=\{\beta_1,\beta_2,\beta_3,\beta_4\}$ 为局中人乙的策略集，$\boldsymbol{A}$ 为甲的赢得矩阵

$$\boldsymbol{A}=\begin{pmatrix}1&-1&3&4\\3&4&5&6\\2&7&4&-2\end{pmatrix}$$

为了求出这个对策的解，我们分析一下对策双方的行动。局中人甲希望自己赢得多些，因为 A 的元素即甲的赢得，因此他希望能取到 a_{ij} 中较大的元素。在 A 中最大的元素是 7，他如果想赢得 7，就应该选取策略 α_3，如果此时局中人乙选取策略 β_2，则局中人甲就实现了他的预期理想。但是局中人乙的利益与局中人甲恰好相反，他当然希望自己输得少些，也就是说，他希望取到 a_{ij} 中较小的元素。如果他猜到了局中人甲的企图，当局中人

甲取策略 α_3 时,他取策略 β_4,这就使局中人甲不仅赢不到7,反而输2。同样的,如果局中人甲知道局中人乙取策略 β_4 时,他就取 α_2 而赢得6。由于在零和对策中双方的利益正相反,因此双方就必须考虑到:对方会设法使自己处于最不利的地位。

假定局中人甲选取策略 α_1,相应于局中人乙选取不同的策略 $\beta_1,\beta_2,\beta_3,\beta_4$,局中人甲的赢得分别是1,-1,3,4。其中最不利的是当乙选取 β_2 时,甲得到-1。同样,局中人甲取策略 α_2 时,最不利的是得到 $\min\{3,4,5,6\}=3$。当局中人甲取策略 α_3 时,他最不利的是得到 $\min\{2,7,4,-2\}=-2$。这些"最不利的情况"实际上就是局中人甲的选取某个策略时不依赖于对方的选择所能得到的最小赢得,称为甲采取其策略时的安全水准。例如,局中人甲取策略 α_1 时,安全水准为-1;取策略 α_2 时,安全水准为3;取策略 α_3 时,安全水准为-2。如果局中人甲不想冒险的话,较为明智的选择是选取安全水准最高的策略,即 α_2。

从局中人乙的立场看,当他取策略 β_1 时,最不利的情况是局中人甲取 α_2 时输去 $3=\max\{1,3,2\}$;乙取 β_2 时最不利的情况是输去 $7=\max\{-1,4,7\}$;乙取 β_3 时最不利的情况是输去 $5=\max\{3,5,4\}$;乙取 β_4 时最不利的情况是输去 $6=\max\{4,6,-2\}$。因此,他较为明智的选择是选取最不利情况中输得最少的策略,即 β_1,此时不论甲采取怎样的策略,乙最多输3(这是乙安全水准的反号,即乙至少可得到-3的赢得)。

一般地,对矩阵对策 $\boldsymbol{G}=\{S_1,S_2,A\}$,可列出下式:

$$
\begin{array}{c|cccc|c}
 & \beta_1 & \beta_2 & \cdots & \beta_n & \bar{a}_i \\
\hline
\alpha_1 & a_{11} & a_{12} & \cdots & a_{1n} & \bar{a}_1 \\
\alpha_2 & a_{21} & a_{22} & \cdots & a_{2n} & \bar{a}_2 \\
\vdots & \vdots & \vdots & \vdots & \vdots & \vdots \\
\alpha_m & a_{m1} & a_{m2} & \cdots & a_{mn} & \bar{a}_m \\
\hline
\bar{\bar{a}}_j & \bar{\bar{a}}_1 & \bar{\bar{a}}_2 & \cdots & \bar{\bar{a}}_n &
\end{array}
$$

其中

$$\bar{a}_i=\min\{a_{i1},a_{i2},\cdots,a_{in}\}\ (i=1,2,\cdots,m)$$

是局中人甲采取策略 α_i 时的安全水准。

$$\bar{\bar{a}}_j=\max\{a_{1j},a_{2j},\cdots,a_{mj}\}\ (j=1,2,\cdots,n)$$

是局中人乙采取策略 β_j 时安全水准的反号。

$$V_1=\max\{\bar{a}_1,\bar{a}_2,\cdots,\bar{a}_m\}=\max_i\ \min_j a_{ij}$$

称为策略 G 的最大最小值。局中人甲取到 V_1 的策略称为甲的最大最小策略。

$$V_2=\min\{\bar{\bar{a}}_1,\bar{\bar{a}}_2,\cdots,\bar{\bar{a}}_n\}=\min_j\ \max_i a_{ij}$$

称为策略 G 的最小最大值。局中人乙取到 V_2 的策略称为乙的最小最大策略。

在上例中,$V_1=\max\{-1,3,-2\}=3$,所以 α_2 是局中人甲的最大最小策略。$V_2=\min\{3,7,5,6\}=3$,β_1 是局中人乙的最小最大策略,这里 $V_1=V_2$。我们把 $V_1=V_2$ 的对策称为有鞍点的对策,把 $V=V_1=V_2=3$ 称为对策 G 的值。这时无论局中人乙采用什么策略,局中人甲都采用一种策略 α_2。而无论局中人甲采用什么策略,局中人乙都采用一种策略 β_1。因为,当局中人甲采用 α_2 时,如果局中人乙不采用 β_1 而用其他的 β_j,则他要输得多一些(或一样多)。可见 β_1 是局中人乙对付局中人甲的最好方法,因此,我们把它称为局中人乙的最优纯策略。反过来,如果局中人乙采用 β_1,局中人甲若不采用 α_2 而用其他 α_i,则他要赢得少一些(至多一样多),因此也将 α_2 称为局中人甲的最优纯策略。(α_2,β_1) 称为对策 G 的最优纯局势。这时,任一方想改变他的策略都不会得到好处。在双方不愿冒风险的情况下,(α_2,β_1) 是双方都满意的局势。双方的竞争在局势 (α_2,β_1) 下达到一个平衡状态,这时也称 (α_2,β_1) 为对策 G 的一个平衡局势。把最优纯策略对 (α_2,β_1) 称为对策 G 在纯策略意义下的解,又称 (α_2,β_1) 为对策 G 的鞍点。上例中的对策 G 就是一个有鞍点的矩阵对策,其在纯策略下的解为 (α_2,β_1),对策值为3。

在一般情况下,我们有:

设 $\boldsymbol{G}=\{S_1,S_2,A\}$ 为矩阵对策,其中

$$S_1=\{\alpha_1,\alpha_2,\cdots,\alpha_m\},S_2=\{\beta_1,\beta_2,\cdots,\beta_n\},A=(a_{ij})_{m\times n}$$

若等式

$$\max_i \min_j a_{ij}=\min_j \max_i a_{ij}=a_{ii^*j^*}$$

成立,称 $\boldsymbol{G}=\{S_1,S_2,A\}$ 为有鞍点的对策,$V=a_{i^*j^*}$ 为对策 G 的值,称使上式成立的纯局势 $(\alpha_{i^*},\beta_{j^*})$ 为对策 $\boldsymbol{G}$ 在纯策略下的解(对策 $\boldsymbol{G}$ 的平衡局势或鞍点),α_{i^*}、β_{j^*} 分别称为局中人甲、乙的最优纯策略。

对于有鞍点的矩阵对策,求它在纯策略下的解和它的值是很容易的。

例 5.2.2 设矩阵对策 $\boldsymbol{G}=\{S_1,S_2,A\}$,其中 $S_1=\{\alpha_1,\alpha_2,\alpha_3,\alpha_4\}$,$S_2=\{\beta_1,\beta_2,\beta_3\}$,赢得矩阵 $\boldsymbol{A}$ 给出如下,试求出它的解和值。

$$\boldsymbol{A}=\begin{pmatrix}2 & 0 & 4\\ 4 & 5 & 6\\ 3 & -5 & 5\\ 0 & 6 & 0\end{pmatrix}$$

解:在矩阵 $\boldsymbol{A}$ 的右边加一列 $\bar{a}_i$,下边加一行 $\bar{\bar{a}}_j$,算出 V_1、V_2,得

$$\begin{array}{cc} & \begin{array}{c}\bar{a}_i\end{array}\\ \boldsymbol{A}= & \begin{pmatrix}2 & 0 & 4\\ 4 & 5 & 6\\ 3 & -5 & 5\\ 0 & 6 & 0\end{pmatrix}\begin{array}{c}0\\ 4\\ -5\\ 0\end{array}\\ \bar{\bar{a}}_j & \begin{array}{ccc}4 & 6 & 6\end{array}\end{array}$$

$$V_1=\max\{0,4,-5,0\}=4$$
$$V_2=\min\{4,6,6\}=4$$

$V_1=V_2$,因此对策 $\boldsymbol{G}$ 为有鞍点的对策。对策 $\boldsymbol{G}$ 在纯策略下的解是 (α_2,β_1),对策的值 $V=4$。

2. 没有鞍点的对策

通过上面的讨论可知,求解矩阵对策的第一步应该是找出对策的鞍点,但有些矩阵对

策并不存在鞍点,即对策没有平衡局势。例如"齐王赛马"例子中

$$A=\begin{pmatrix} 3 & 1 & 1 & 1 & -1 & 1 \\ 1 & 3 & 1 & 1 & 1 & -1 \\ 1 & -1 & 3 & 1 & 1 & 1 \\ -1 & 1 & 1 & 3 & 1 & 1 \\ 1 & 1 & 1 & -1 & 3 & 1 \\ 1 & 1 & -1 & 1 & 1 & 3 \end{pmatrix}\begin{matrix} \text{行最小值} \\ -1 \\ -1 \\ -1 \\ -1 \\ -1 \\ -1 \end{matrix}$$

列最大值 3 3 3 3 3 3

$$\max_i \min_j a_{ij} \neq \min_j \max_i a_{ij}$$

我们称此对策为没有鞍点的对策,或称对策在纯策略下没有解。下面我们由例 5.2.3 来说明这种对策的特点。

例 5.2.3 局中人甲有策略 a_1、a_2,局中人乙有策略 b_1、b_2,局中人甲的赢得矩阵

$$\begin{matrix} & b_1 & b_2 \\ \boldsymbol{A}= & \begin{pmatrix} 1 & 3 \\ 4 & 2 \end{pmatrix} & \begin{matrix} a_1 \\ a_2 \end{matrix} \end{matrix}$$

由于
$$\max_i \min_j a_{ij}=2, \min_j \max_i a_{ij}=3$$

故
$$\max_i \min_j a_{ij} \neq \min_j \max_i a_{ij}$$

该矩阵对策在纯策略意义下没有解。这时,用最大最小原则来选取双方的纯策略都不会是稳定的,在这种情况下,局中人甲的最大最小策略和局中人乙的最小最大策略都不具有"最优"的性质。因为每个局中人可以选取另外的策略来改善自己的赢得值。在本例中,如果用最大最小原则,局中人甲应选取 a_2,如果局中人乙想到甲会采用 a_2,则乙就会采用 b_2,甲考虑到这点就会想到采用 a_1,乙想到甲可能采用 a_1,就会考虑采用 b_1 来对付,在乙采用 b_1 时,甲就要选取 a_2,……

在上述情况下,双方都不能固定采用任何一个纯策略,也就是说两局中人都没有自己的最优纯策略(对策没有鞍点)。他们必须考虑随机地选取自己的策略(混合使用自己的各个策略),使对方捉摸不到自己使用的策略。如甲可以用 x_1 的概率选取 a_1,用 x_2 的概率选取 a_2。同样地,乙可用 y_1 概率选取 b_1。用 y_2 概率选取 b_2,这里

$$x_1,x_2 \geqslant 0, x_1+x_2=1, y_1,y_2 \geqslant 0, y_1+y_2=1$$

(x_1,x_2) 和 (y_1,y_2) 分别称为局中人甲和乙的一组混合策略。如果求出 x_1,x_2,y_1,y_2 的值,使双方感到满意,则称 (x_1,x_2) 和 (y_1,y_2) 是两局中人甲和乙在混合策略下的解。这类没有鞍点的对策称为具有混合策略的对策。解一个具有混合策略的对策就是求两个局中人各自选取不同策略的概率分布。

$$\begin{matrix} & b_1(y_1) & b_2(1-y_1) \\ \begin{matrix} a_1(x_1) \\ a_2(1-x_1) \end{matrix} & \begin{pmatrix} 1 \\ 4 \end{pmatrix. & \begin{matrix} 3 \\ 2 \end{matrix} \end{matrix}$$

对于局中人甲来说,他的期望赢得是

$$E(x_1,y_1)=x_1y_1+3x_1(1-y_1)+4(1-x_1)y_1+2(1-x_1)(1-y_1)$$

$$= -4x_1y_1 + x_1 + 2y_1 + 2$$

$$= -4\left(x_1 - \frac{1}{2}\right)\left(y_1 - \frac{1}{4}\right) + \frac{5}{2}$$

由此可见,当 $x_1 = 1/2$ 时,即局中人甲以50%的概率选取纯策略 a_1 参加对策,他的赢得期望至少是5/2,但它不能保证超过5/2,因为当局中人乙取 $y_1 = 1/4$ 时,会控制局中人甲不超过5/2。因此,5/2是局中人甲赢得的期望值。

同样,局中人乙只取 $y_1 = 1/4$ 时,才能保证他的支出不多于5/2,所以,局中人甲以概率1/2选取 a_1,以概率1/2选取 a_2;局中人乙以概率1/4选取 b_1,以概率3/4选取 b_2 参加对策,双方都会得到满意的结果。也就是说 $X = \left(\frac{1}{2},\frac{1}{2}\right)$ 和 $Y = \left(\frac{1}{4},\frac{3}{4}\right)$ 是局中人甲和乙的最优混合策略,(X,Y) 是对策在混合策略下的解,5/2是相应的对策值。

从上面的例子可以看出,对于没有鞍点的对策,每个局中人参加对策时,不是决定用哪一个纯策略,而是决定用多大概率选择每一个纯策略,以这样一种方式选取纯策略参加对策是双方的最优策略。

综上所述,为了克服有些对策没有鞍点的困难,我们将这些对策作这样的扩充:把每个局中人的策略集合 S_i 扩充为在集合 S_i 上的概率分布集合 S_i^*,赢得函数是进行多次对策所赢得的数学期望值,称这种扩充为混合扩充。

设有矩阵对策 $\boldsymbol{G} = \{S_1, S_2, A\}$,其中

$$S_1 = \{\alpha_1, \alpha_2, \cdots, \alpha_m\}, S_2 = \{\beta_1, \beta_2, \cdots, \beta_n\}, A = (a_{ij})_{m \times n}$$

记

$$S_1^* = \left\{X = (x_1, x_2, \cdots, x_m) \in E^m \mid x_i \geqslant 0, i = 1,2,\cdots,m, \sum_{i=1}^{m} x_i = 1\right\}$$

$$S_2^* = \left\{Y = (y_1, y_2, \cdots, y_n) \in E^n \mid y_j \geqslant 0, j = 1,2,\cdots,n, \sum_{j=1}^{n} y_j = 1\right\}$$

则 S_1^* 和 S_2^* 分别称为局中人甲和局中人乙的混合策略集(或策略集);$X \in S_1^*$,$Y \in S_2^*$ 分别称为局中人甲和局中人乙的混合策略(或策略);对 $X \in S_1^*$,$Y \in S_2^*$,称(X,Y)为一个混合局势(或局势)。局中人甲的赢得函数记为

$$E(X,Y) = X^{\mathrm{T}}AY = \sum_i \sum_j a_{ij}x_iy_j$$

这样得到的一个新的对策,记为 $\boldsymbol{G}^* = \{S_1^*, S_2^*, E\}$,称 $\boldsymbol{G}^*$ 为对策 $\boldsymbol{G}$ 的混合扩充。

我们希望当 $V_1 \neq V_2$ 时用 $\boldsymbol{G}^*$ 代替 $\boldsymbol{G}$,有一个混合局势(X^*, Y^*)对两局中人而言都在某种意义下是最优的。对于局中人甲采用混合策略 X 时,他只希望获得 $\min E(X,Y)$,$Y \in S_2^*$,就是局中人乙所有的混合策略中使局中人甲获得最少,即:如果甲出混合策略 x_1,乙就在其可能的混合策略中出一个策略以使甲获得最少。对于甲的另一混合策略 x_2 也如此,则甲就应选取所有这些策略中使自己的赢得是最大的那个值。

因此,局中人甲应选取 $X \in S_1^*$,使 $\min E(X,Y)$,$Y \in S_2^*$ 取最大,即局中人甲保证自己的赢得不少于 $\max\limits_{X \in S_1^*} \min\limits_{Y \in S_2^*} E(X,Y) = V_1$。同样,局中人乙的支出至多是 $\min\limits_{Y \in S_2^*} \max\limits_{X \in S_1^*} E(X,Y) = V_2$。

设 $\boldsymbol{G}^* = \{S_1^*, S_2^*, E\}$ 是矩阵对策 $\boldsymbol{G} = \{S_1, S_2, A\}$ 的混合扩充,局中人甲的赢得函数为 $E(X,Y)$,如果

$$\max_{X \in S_1^*} \min_{Y \in S_2^*} E(X,Y) = \min_{Y \in S_2^*} x \max_{X \in S_1^*} E(X,Y)$$

记其值为 V_G。则称 V_G 为对策 $\boldsymbol{G}^*$ 的值,称使上面等式成立的混合局势(X^*,Y^*)为对策 $\boldsymbol{G}$ 在混合策略下的解(或简称解),记为 $T(\boldsymbol{G})$,X^* 和 Y^* 分别称为局中人甲和局中人乙的最优混合策略(或简称最优策略)。

求解一个最优纯策略问题可以看成求解混合策略问题的一个特例,它表示两个局中人各自以 100% 的概率选取其某一个策略,而其他的策略选取的概率皆为零。

可以证明:矩阵对策的混合扩充的解是存在的。

三、矩阵对策基本定理和解的性质

为了研究矩阵对策的有效解法,下面不加证明,给出矩阵对策的有关定理和解的性质。

(1) 设 $X^* \in S_1^*, Y^* \in S_2^*$,则($X^*,Y^*$)为 $\boldsymbol{G}$ 的解的充要条件是:存在数 V,使得 X^* 和 Y^* 分别是不等式组(I)

$$\begin{cases} \sum_{i=1}^{m} a_{ij}x_i \geqslant V \quad (j = 1,2,\cdots,n) \\ \sum_{i=1}^{m} x_i = 1 \\ x_i \geqslant 0 \quad (i = 1,2,\cdots,m) \end{cases}$$

和不等式组(II)

$$\begin{cases} \sum_{j=1}^{n} a_{ij}y_j \leqslant V \quad (i = 1,2,\cdots,m) \\ \sum_{j=1}^{n} y_j = 1 \\ y_j \geqslant 0 \quad (j = 1,2,\cdots,n) \end{cases}$$

的解,且 $V = V_G$。

这个定理的重要性在于,它将矩阵对策的求解问题化为解线性不等式组的问题,使一些简单的矩阵对策得以解决。

(2) 设有两个矩阵对策 $\boldsymbol{G}_1 = \{S_1, S_2, A_1\}$, $\boldsymbol{G}_2 = \{S_1, S_2, A_2\}$,其中 $A_1 = (a_{ij})$, $A_2 = (a_{ij} + L)$,L 为任一常数,则

① $V_{G_2} = V_{G_1} + L$

② $T(\boldsymbol{G}_1) = T(\boldsymbol{G}_2)$

四、矩阵对策的线性规划解法

矩阵对策有许多解法,其中线性规划法是通用的方法。对于扩充后的矩阵对策来说,求最优混合策略就是解下列两个不等式组:

$$\begin{cases} \sum_{i=1}^{m} a_{ij}x_i \geqslant V \quad (j = 1,2,\cdots,n) \\ \sum_{i=1}^{m} x_i = 1 \\ x_i \geqslant 0 \quad (i = 1,2,\cdots,m) \end{cases} \tag{5-2-1}$$

$$\begin{cases} \sum_{j=1}^{n} a_{ij} y_j \leqslant V \quad (i = 1,2,\cdots,m) \\ \sum_{j=1}^{n} y_j = 1 \\ y_j \geqslant 0 \quad (j = 1,2,\cdots,n) \end{cases} \tag{5-2-2}$$

这里 V 是

$$V = \max_{X^* \in S_1^*} \min_{1 \leqslant j \leqslant n} \sum_{i=1}^{m} a_{ij} x_i$$

$$V = \min_{Y^* \in S_2^*} \max_{1 \leqslant i \leqslant m} \sum_{j=1}^{n} a_{ij} y_j$$

作如下变换(不妨设 $V>0$)

$$x_i' = \frac{x_i}{V} \quad (i=1,2,\cdots,m)$$

于是上式变成

$$\begin{cases} \sum_{i=1}^{m} a_{ij} x'_i \geqslant 1 \quad (j = 1,2,\cdots,n) \\ \sum_{i=1}^{m} x'_i = \frac{1}{V} \\ x'_i \geqslant 0 \quad (i = 1,2,\cdots,m) \end{cases}$$

这样就把问题归结为求一组满足约束条件

$$\begin{cases} \sum_{i=1}^{m} a_{ij} x'_i \geqslant 1 \quad (j = 1,2,\cdots,n) \\ x'_i \geqslant 0 \quad (i = 1,2,\cdots,m) \end{cases}$$

的解 $x_i'(i=1,2,\cdots,m)$,使得目标函数

$$S(X') = \sum_{i=1}^{m} x'_i$$

达到最小。即上式可等价化成

$$\min S(X') = \sum_{i=1}^{m} x'_i$$

$$\text{s. t.} \begin{cases} \sum_{i=1}^{m} a_{ij} x'_i \geqslant 1 \quad (j = 1,2,\cdots,m) \\ x'_i \geqslant 0 \quad (i = 1,2,\cdots,m) \end{cases}$$

同样,对于局中人乙来说,有

$$\max S(Y') = \sum_{j=1}^{n} y'_j$$

$$\text{s. t.} \begin{cases} \sum_{j=1}^{n} a_{ij} y'_j \leqslant 1 \quad (i = 1,2,\cdots,m) \\ y'_j \geqslant 0 \quad (j = 1,2,\cdots,n) \end{cases}$$

这里

$$y_j' = \frac{y_j}{V} \quad (j = 1, 2, \cdots, n)$$

我们知道,这就是线性规划的典型问题。

例 5.2.4　在一场敌对的军事行动中,甲方拥有三种进攻性武器 A_1、A_2、A_3,可分别用于摧毁乙方工事;而乙方有三种防御性武器 B_1、B_2、B_3 来对付甲方。据平时演习得到的数据,各种武器间对抗时,相互取胜的可能如下:

A_1 对 B_1 2:1; A_1对 B_2 3:1; A_1对 B_3 1:2;

A_2 对 B_1 3:7;A_2 对 B_2 3:2; A_2 对 B_3 1:3;

A_3 对 B_1 3:1;A_3对 B_2 1:4; A_3对 $B_3$2:1

试确定甲、乙双方使用各种武器的最优策略,对哪方有利。

解:先分别列出甲、乙双方的赢得的可能性矩阵,将甲方矩阵减去乙方矩阵的对应元素,得零和对策时甲方的赢得矩阵如下:

$$\boldsymbol{A} = \begin{pmatrix} \frac{1}{3} & \frac{1}{2} & -\frac{1}{3} \\ -\frac{2}{5} & \frac{1}{5} & -\frac{1}{2} \\ \frac{1}{2} & -\frac{3}{5} & \frac{1}{3} \end{pmatrix}$$

编写程序如下:

输入:
```
clear
a=[1/3,1/2,-1/3;-2/5,1/5,-1/2;1/2,-3/5,1/3];b=10;
a=a+b*ones(3); % 把赢得矩阵的每个元素变成大于 0 的数
[x0,u]=linprog(ones(3,1),-a',-ones(3,1),[],[],zeros(3,1));
x=x0/u,u=1/u-b
[y0,v]=linprog(-ones(3,1),a,ones(3,1),[],[],zeros(3,1));
y=y0/(-v),v=1/(-v)-b
```

输出:
```
x =
    0.5283
    0.0000
    0.4717
u =
    -0.0189
y =
    0.0000
    0.3774
    0.6226
v =
    -0.0189
```

故对乙方有利。

例 5.2.5　用线性规划的方法求解矩阵对策。

$$a=\begin{pmatrix}3&3&2&9\\8&2&4&3\\2&6&6&5\\6&4&4&2\end{pmatrix}$$

解:输入

```
a=[3 3 2 9;8 2 4 3;2 6 6 5;6 4 4 2];
b=10;
a=a+b*ones(4);
[x0,u]=linprog(ones(4,1),-a',ones(4,1),[],[],zeros(4,1));
x0=x0/u,u=1/u
[y0,v]=linprog(-ones(4,1),a,ones(4,1),[],[],zeros(4,1));
y0=y0/(-v),v=1/(-v)
```

输出:
```
x0 =
     0.0323
     0.3871
     0.5806
     0.0000
  u =
     2.3548
  y0 =
     0.3548
     0.4194
     0.0000
     0.2258
  v =
     2.3548
```

例 5.2.6 某小城市有两家超市相互竞争,A 超市有三个广告策略,B 超市也有三个广告策略。已经算出当双方采取不同的广告策略时,A 超市的市场份额增加的百分数如下表所列,求双方的最优策略。

策略		B		
		1	2	3
	1	3	0	2
A	2	0	2	0
	3	2	−1	4

解:输入:

```
a=[3 0 2;0 2 0;2 -1 4];
b=2;
a=a+b*ones(3);
[x0,u]=linprog(ones(1,3),-a',-ones(3,1),[],[],zeros(3,1));
x=x0/u,u=1/u-b
```

```
[y0,v] = linprog( - ones(1,3),a,ones(3,1),[],[],zeros(3,1));
y0 = y0 /( - v),v = 1 /( - v) - b
```

输出:x =

```
        0.2667
        0.6000
        0.1333
    u =
        1.0667
    y0 =
        0.1333
        0.5333
        0.3333
    v =
        1.0667
```

例 5.2.7 求解“齐王赛马”问题。

解:已知齐王的赢得矩阵 A

$$
\boldsymbol{A} = \begin{bmatrix} 3 & 1 & 1 & 1 & -1 & 1 \\ 1 & 3 & 1 & 1 & 1 & -1 \\ 1 & -1 & 3 & 1 & 1 & 1 \\ -1 & 1 & 1 & 3 & 1 & 1 \\ 1 & 1 & 1 & -1 & 3 & 1 \\ 1 & 1 & -1 & 1 & 1 & 3 \end{bmatrix}
$$

解:输入:

```
a = [3 1 1 1 -1 1;1 3 1 1 1 -1;1 -1 3 1 1 1;-1 1 1 3 1 1;1 1 1 -1 3 1;1 1 -1 1 1 3];
b = 10;
a = a + b * ones(6);
[x0,u] = linprog(ones(1,6), - a', - ones(6,1),[],[],zeros(6,1));
x = x0 /u,u = 1 /u - b
[y0,v] = linprog( - ones(1,6),a,ones(6,1),[],[],zeros(6,1));
y0 = y0 /( - v),v = 1 /( - v) - b
```

输出:x =

```
        0.1667
        0.1667
        0.1667
        0.1667
        0.1667
        0.1667
    u =
        1.0000
    y0 =
        0.1667
        0.1667
```

```
    0.1667
    0.1667
    0.1667
    0.1667
V =
    1.0000
```

习 题 五

1. 求解下列矩阵对策,已知赢得矩阵为

(1) $\begin{pmatrix} 7 & 4 \\ 3 & 6 \end{pmatrix}$　　　　(2) $\begin{pmatrix} 2 & 2 & 5 \\ 4 & 2 & 2 \\ 2 & 8 & 2 \end{pmatrix}$

2. 试用线性规划求解下列矩阵对策:

(1) $\begin{pmatrix} 0 & -2 & 1 \\ 1 & -1 & -2 \\ 0 & 3 & 0 \end{pmatrix}$　　　　(2) $\begin{pmatrix} 3 & -3 & -1 \\ -3 & 1 & 1 \\ 1 & -1 & -1 \end{pmatrix}$

3. A、B 两人分别有 1 角、5 分和 1 分的硬币各一枚。在双方互不知道的情况下,各出一枚硬币,并规定当和为奇数时,A 赢得 B 所出硬币;当和为偶数时,B 赢得 A 所出硬币。据此写出对策模型,并说明该游戏对双方是否公平合理。

第六章

动态规划

动态规划(dynamic programming)是求解多阶段决策问题的最优化方法。20 世纪 50 年代初,R. E. Bellman 等人在研究多阶段决策过程(multistep decision process)的优化问题时,提出了著名的最优性原理(principle of optimality),把多阶段过程转化为一系列单阶段问题,逐个求解,创立了解决这类过程优化问题的新方法——动态规划。

虽然动态规划主要用于求解以时间划分阶段的动态过程的优化问题,但是一些与时间无关的静态规划(如线性规划、非线性规划),只要人为地引进时间因素,把它视为多阶段决策过程,也可以用动态规划方法方便地求解。

6.1 动态规划的模型

一、动态规划模型的例子

动态规划问世以来,在经济管理、生产调度、工程技术和最优控制等方面得到了广泛的应用。例如,最短路线、库存管理、资源分配、设备更新、排序、装载等问题,用动态规划方法比用其他方法求解更为方便。下面举两个动态规划模型的例子。

例 6.1.1 最短路线问题。

图 6-1-1 是一个线路网,连线上的数字表示两点之间的距离(或费用)。试寻求一条由 A 到 G 距离最短(或费用最省)的路线。

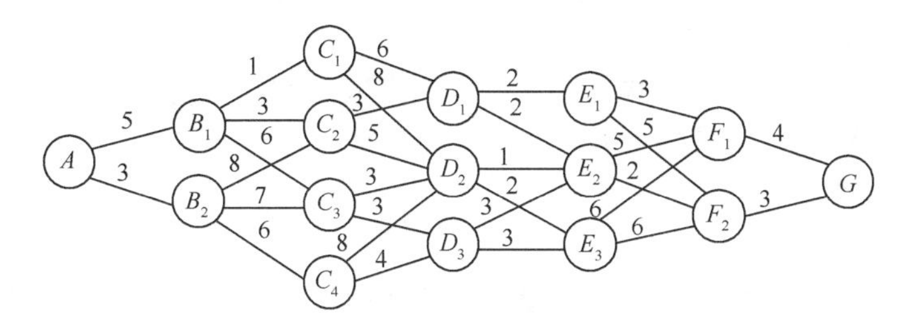

图 6-1-1

例 6.1.2 生产计划问题。

工厂生产某种产品,每单位(千件)的成本为 1(千元),每次开工的固定成本为 3(千元),工厂每季度的最大生产能力为 6(千件)。经调查,市场对该产品的需求量第一、二、三、四季度分别为 2,3,2,4(千件)。如果工厂在第一、二季度将全年的需求都生产出来,自然可以降低成本(少付固定成本费),但是对于第三、四季度才能上市的产品需付存储费,每季每千件的存储费为0.5(千元)。还规定年初和年末这种产品均无库存。试制订一个生产计划,即安排每个季度的产量,使一年的总费用(生产成本和存储费)最少。

二、决策过程的分类

根据过程的时间变量是离散的还是连续的,分为离散时间决策过程(discrete - time decision process)和连续时间决策过程(continuous - time decision process);根据过程的演变是确定的还是随机的,分为确定性决策过程(deterministic decision process)和随机性决策过程(stochastic decision process),其中应用最广的是确定性多阶段(离散时间)决策过程。

三、动态规划的基本概念和基本方程

一个多阶段决策过程最优化问题的动态规划模型通常包含以下要素。

1. 阶段

阶段(step)是对整个过程的自然划分。通常根据时间顺序或空间顺序特征来划分阶段,以便按阶段的次序解优化问题。阶段变量一般用 $k=1,2,\cdots,n$ 表示。在例6.1.1中由 A 出发为 $k=1$,由 $B_i(i=1,2)$ 出发为 $k=2$,依此下去从 $F_i(i=1,2)$ 出发为 $k=6$,共 $n=6$ 个阶段。在例6.1.2中按照第一、二、三、四季度分为 $k=1,2,3,4$,共四个阶段。

2. 状态

状态(state)表示每个阶段开始时过程所处的自然状况。它应能描述过程的特征并且无后效性,即当某阶段的状态变量给定时,这个阶段以后过程的演变与该阶段以前各阶段的状态无关。通常还要求状态是直接或间接可以观测的。

描述状态的变量称状态变量(state variable)。变量允许取值的范围称允许状态集合(set of admissible states)。用 x_k 表示第 k 阶段的状态变量,它可以是一个数或一个向量。用 X_k 表示第 k 阶段的允许状态集合。在例6.1.1中 x_2 可取 B_1、B_2,或将 B_i 定义为 $i(i=1,2)$,则 $x_2=1$ 或 2,而 $X_2=\{1,2\}$。

n 个阶段的决策过程有 $n+1$ 个状态变量,x_{n+1} 表示 x_n 演变的结果。在例6.1.1中 x_7 取 G,或定义为1,即 $x_7=1$。

根据过程演变的具体情况,状态变量可以是离散的或连续的。为了计算的方便有时将连续变量离散化;为了分析的方便有时又将离散变量视为连续的。

状态变量简称为状态。

3. 决策

当一个阶段的状态确定后,可以作出各种选择从而演变到下一阶段的某个状态,这种选择手段称为决策(decision),在最优控制问题中也称为控制(control)。

描述决策的变量称决策变量(decision variable),变量允许取值的范围称允许决策集合(set of admissible decisions)。用 $u_k(x_k)$ 表示第 k 阶段处于状态 x_k 时的决策变量,它是 x_k 的函数,用 $U_k(x_k)$ 表示 x_k 的允许决策集合。在例6.1.1中 $u_2(B_1)$ 可取 C_1、C_2 或 C_3,可记作 $u_2(1)=1,2,3$,而 $U_2(1)=\{1,2,3\}$。

决策变量简称决策。

4. 策略

决策组成的序列称为策略(policy)。由初始状态 x_1 开始的全过程的策略记作 $p_{1n}(x_1)$,即

$$p_{1n}(x_1) = \{u_1(x_1), u_2(x_2), \cdots, u_n(x_n)\}$$

由第 k 阶段的状态 x_k 开始到终止状态的后部子过程的策略记作 $p_{kn}(x_k)$,即

$$p_{kn}(x_k) = \{u_k(x_k), \cdots, u_n(x_n)\} \quad (k=1,2,\cdots,n-1)$$

类似地,由第 k 到第 j 阶段的子过程的策略记作

$$p_{kj}(x_k) = \{u_k(x_k), \cdots, u_j(x_j)\}$$

可供选择的策略有一定的范围,称为允许策略集合(set of admissible policies),用 $P_{1n}(x_1)$,$P_{kn}(x_k)$,$P_{kj}(x_k)$表示。

5. 状态转移方程

在确定性过程中,一旦某阶段的状态和决策为已知,下阶段的状态便完全确定。用状态转移方程(equation of state transition)表示这种演变规律,写作

$$x_{k+1} = T_k(x_k, u_k) \quad (k=1,2,\cdots,n)$$

在例 6.1.1 中状态转移方程为 $x_{k+1} = u_k(x_k)$。

6. 指标函数和最优值函数

指标函数(objective function)是衡量过程优劣的数量指标,它是定义在全过程和所有后部子过程上的数量函数,用 $V_{kn}(x_k, u_k, x_{k+1}, \cdots, x_{n+1})$表示,$k=1,2,\cdots,n$。指标函数应具有可分离性,即 V_{kn}可表为 x_k,u_k,V_{k+1n}的函数,记为

$$V_{kn}(x_k, u_k, x_{k+1}, \cdots, x_{n+1}) = \varphi_k(x_k, u_k, V_{k+1n}(x_{k+1}, u_{k+1}, x_{k+2} \cdots, x_{n+1}))$$

并且函数 φ_k 对于变量 V_{k+1n}是严格单调的。

过程在第 j 阶段的阶段指标取决于状态 x_j 和决策 u_j,用 $v_j(x_j, u_j)$表示。指标函数由 $v_j(j=1,2,\cdots,n)$组成,常见的形式有:

阶段指标之和,即

$$V_{kn}(x_k, u_k, x_{k+1}, \cdots, x_{n+1}) = \sum_{j=k}^{n} v_j(x_j, u_j)$$

阶段指标之积,即

$$V_{kn}(x_k, u_k, x_{k+1}, \cdots, x_{n+1}) = \prod_{j=k}^{n} v_j(x_j, u_j)$$

阶段指标之极大(或极小),即

$$V_{kn}(x_k, u_k, x_{k+1}, \cdots, x_{n+1}) = \max_{k \leqslant j \leqslant n}(\min) v_j(x_j, u_j)$$

这些形式下第 k 到第 j 阶段子过程的指标函数为 $V_{kj}(x_k, u_k, x_{k+1} \cdots, x_{j+1})$。

根据状态转移方程指标函数 V_{kn}还可以表示为状态 x_k 和策略 p_{kn}的函数,即 $V_{kn}(x_k, p_{kn})$。在 x_k 给定时指标函数 V_{kn}对 p_{kn}的最优值称为最优值函数(optimal value function),记为$f_k(x_k)$,即

$$f_k(x_k) = \underset{p_{kn} \in P_{kn}(x_k)}{\text{opt}} V_{kn}(x_k, p_{kn})$$

其中,opt 可根据具体情况取 max 或 min。

7. 最优策略和最优轨线

使指标函数 V_{kn} 达到最优值的策略是从 k 开始的后部子过程的最优策略，记作 $p_{kn}^* = \{u_k^*, \cdots, u_n^*\}$。$p_{1n}^*$ 是全过程的最优策略，简称最优策略(optimal policy)。从初始状态 x_1 $(=x_1^*)$ 出发，过程按照 p_{1n}^* 和状态转移方程演变所经历的状态序列 $\{x_1^*, x_2^*, \cdots, x_{n+1}^*\}$ 称最优轨线(optimal trajectory)。

8. 递归方程

如下方程称为递归方程

$$\begin{cases} f_{n+1}(x_{n+1}) = 0 \text{ 或 } 1 \\ f_k(x_k) = \underset{u_k \in U_k(x_k)}{\text{opt}} \{v_k(x_k, u_k) \otimes f_{k+1}(x_{k+1})\} \quad (k = n, \cdots, 1) \end{cases}$$

在上述方程中，当⊗为加法时取 $f_{n+1}(x_{k+1}) = 0$；当⊗为乘法时，取 $f_{n+1}(x_{k+1}) = 1$。动态规划递归方程是动态规划的最优性原理的基础，即最优策略的子策略，构成最优子策略。用状态转移方程和递归方程可求解动态规划，求解时是由 $k = n+1$ 逆推至 $k = 1$，故这种解法称为逆序解法。当然，对某些动态规划问题，也可采用顺序解法。这时，状态转移方程和递归方程分别为

$$x_k = T_{k+1}(x_{k+1}, u_{k+1}), k = 1, 2, \cdots, n,$$

$$\begin{cases} f_1(x_1) = 0 \text{ 或 } 1 \\ f_{k+1}(x_{k+1}) = \underset{u_{k+1} \in U_{k+1}(x_{k+1})}{\text{opt}} \{v_{k+1}(x_{k+1}, u_{k+1}) \otimes f_k(x_k)\} \quad (k = 1, 2, \cdots, n) \end{cases}$$

注意：此时 $f_k(x_k)$ 的意义因顺序反过来了而与逆序解法时略有不同。

如果一个问题能用动态规划方法求解，那么，我们可以按下列步骤，首先建立起动态规划的数学模型：

(1) 将过程划分成恰当的阶段。

(2) 正确选择状态变量 x_k，使它既能描述过程的状态，又满足无后效性，同时确定允许状态集合 X_k。

(3) 选择决策变量 u_k，确定允许决策集合 $U_k(x_k)$。

(4) 写出状态转移方程。

(5) 确定阶段指标 $v_k(x_k, u_k)$ 及指标函数 V_{kn} 的形式(阶段指标之和；阶段指标之积；阶段指标之极大或极小等)。

(6) 写出基本方程，即最优值函数满足的递归方程，以及端点条件。

6.2 动态规划的几个实例

一、最短路线问题

对于例 6.1.1 一类最短路线问题(Shortest Path Problem)，阶段按过程的演变划分，状态由各段的初始位置确定，决策为从各个状态出发的走向，即有 $x_{k+1} = u_k(x_k)$，阶段指标为相邻两段状态间的距离 $d_k(x_k, u_k(x_k))$，指标函数为阶段指标之和，最优值函数 $f_k(x_k)$ 是由 x_k 出发到终点的最短距离(或最小费用)，基本方程为

$$f_k(x_k) = \min_{u_k(x_k)} [d_k(x_k, u_k(x_k)) + f_{k+1}(x_{k+1})] \quad (k = n, \cdots, 1)$$

$$f_{n+1}(x_{n+1}) = 0$$

二、生产计划问题

对于例 6.1.2 一类生产计划问题(Production Planning Problem),阶段按计划时间自然划分,状态定义为每阶段开始时的储存量 x_k,决策为每个阶段的产量 u_k,记每个阶段的需求量(已知量)为 d_k,则状态转移方程为

$$x_{k+1} = x_k + u_k - d_k, x_k \geqslant 0 \quad (k = 1, 2, \cdots, n)$$

设每阶段开工的固定成本费为 a,生产单位数量产品的成本费为 b,每阶段单位数量产品的储存费为 c,阶段指标为阶段的生产成本和储存费之和,即

$$v_k(x_k, u_k) = cx_k + \begin{cases} a + bu_k, u_k > 0 \\ 0 \end{cases}$$

指标函数 V_{kn} 为 v_k 之和。最优值函数 $f_k(x_k)$ 为从第 k 段的状态 x_k 出发到过程终结的最小费用,满足

$$f_k(x_k) = \min_{u_k \in U_k} [v_k(x_k, u_k) + f_{k+1}(x_{k+1})] \quad (k = n, \cdots, 1)$$

其中,允许决策集合 U_k 由每阶段的最大生产能力决定。若设过程终结时允许存储量为 x_{n+1},则终端条件是

$$f_{n+1}(x_{n+1}) = 0$$

上面所有等式就构成该问题的动态规划模型。

三、资源分配问题

一种或几种资源(包括资金)分配给若干用户,或投资于几家企业,以获得最大的效益。资源分配问题(Resource Allocating Problem)可以是多阶段决策过程,也可以是静态规划问题,都能构造动态规划模型求解。下面举例说明。

例 6.2.1　机器可以在高、低两种负荷下生产。u 台机器在高负荷下的年产量是 $g(u)$,在低负荷下的年产量是 $h(u)$,高、低负荷下机器的年损耗率分别是 a_1 和 b_1($0 < b_1 < a_1 < 1$)。现有 m 台机器,要安排一个 n 年的负荷分配计划,即每年初决定多少台机器投入高、低负荷运行,使 n 年的总产量最大。如果进一步假设 $g(u) = \alpha u, h(u) = \beta u$($\alpha > \beta > 0$),即高、低负荷下每台机器的年产量分别为 α 和 β,结果将有什么特点。

解:年度为阶段变量 $k = 1, 2, \cdots, n$。状态 x_k 为第 k 年初完好的机器数,决策 u_k 为第 k 年投入高负荷运行的台数。当 x_k 或 u_k 不是整数时,将小数部分理解为一年中正常工作时间或投入高负荷运行时间的比例。

机器在高、低负荷下的年完好率分别记为 a 和 b,则 $a = 1 - a_1, b = 1 - b_1$,有 $a < b$。因为第 k 年投入低负荷运行的机器台数为 $x_k - u_k$,所以状态转移方程是

$$x_{k+1} = au_k + b(x_k - u_k)$$

阶段指标 v_k 是第 k 年的产量,有

$$v_k(x_k,u_k)=g(u_k)+h(x_k-u_k)$$

指标函数是阶段指标之和,最优值函数$f_k(x_k)$满足

$$f_k(x_k)=\max_{0\leqslant u_k\leqslant x_k}[v_k(x_k,u_k)+f_{k+1}(x_{k+1})]$$

$$0\leqslant x_k\leqslant m \quad (k=n,\cdots,2,1)$$

及自由终端条件

$$f_{n+1}(x_{n+1})=0 \quad (0\leqslant x_{n+1}\leqslant m)$$

当v_k中的g、h用较简单的函数表达式给出时,对于每个k可以用解析方法求解极值问题。特别地,若$g(u)=\alpha u$,$h(u)=\beta u$,$[v_k(x_k,u_k)+f_{k+1}(x_k)]$将是$u_k$的线性函数,最大值点必在区间$0\leqslant u_k\leqslant x_k$的左端点$u_k=0$或右端点$u_k=x_k$取得,即每年初将完好的机器全部投入低负荷或高负荷运行。

6.3　动态规划的解法

下面我们通过最短路问题来说明逆序算法。

例 6.3.1　从A地到D地要铺设一条煤气管道,其中需经过两级中间站,两点之间的连线上的数字表示距离,如图 6-3-1 所示。应该选择什么路线,使总距离最短?

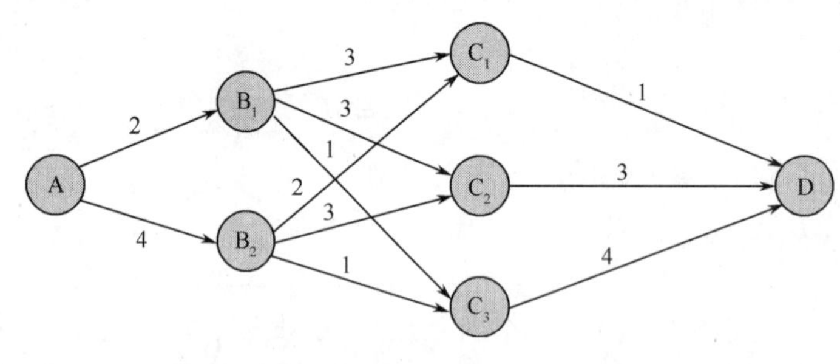

图 6-3-1

解:整个计算过程分三个阶段,从最后一个阶段开始。

第一阶段($C\to D$):C有三条路线到终点D。

显然有　　$f_3(C_1)=1$;$f_3(C_2)=3$;$f_3(C_3)=4$。

第二阶段($B\to C$):B到C有六条路线。

$$f_2(B_1)=\min\begin{Bmatrix}d(B_1,C_1)+f_3(C_1)\\d(B_1,C_2)+f_3(C_2)\\d(B_1,C_3)+f_3(C_3)\end{Bmatrix}=\min\begin{Bmatrix}3+1\\3+3\\1+4\end{Bmatrix}=\min\begin{Bmatrix}4\\6\\5\end{Bmatrix}=4$$

(最短路线为$B_1\to C_1\to D$)

$$f_2(B_2)=\min\begin{Bmatrix}d(B_2,C_1)+f_3(C_1)\\d(B_2,C_2)+f_3(C_2)\\d(B_2,C_3)+f_3(C_3)\end{Bmatrix}=\min\begin{Bmatrix}2+1\\3+3\\1+4\end{Bmatrix}=\min\begin{Bmatrix}3\\6\\5\end{Bmatrix}=3$$

(最短路线为$B_2\to C_1\to D$)

第三阶段($A\to B$):A到B有两条路线。

$$f_1(A)=\min\begin{Bmatrix}d(A,B_1)+f_2(B_1)\\d(A,B_2)+f_2(B_2)\end{Bmatrix}=\min\begin{Bmatrix}2+4\\4+3\end{Bmatrix}=\min\begin{Bmatrix}6\\7\end{Bmatrix}=6$$

最短路线为 $A\to B_1\to C_1\to D$，路长为6。

例6.3.2　某企业甲、乙、丙三个销售市场，其市场的利润与销售人员的分配有关，现有6个销售人员，分配到各市场所获利润如下表所列，试问应如何分配销售人员才能使总利润最大。

市场		甲	乙	丙
人数	0	0	0	0
	1	60	65	75
	2	80	85	100
	3	105	110	120
	4	115	140	135
	5	130	160	150
	6	150	175	180

解：首先我们对设备的分配规定一个顺序，即先考虑分配给甲市场，其次乙市场，最后丙市场，但分配时必须保证企业的总收益最大。

将问题按分配过程分为三个阶段，根据动态规划逆序算法，可设：

(1) 阶段数 $k=1,2,3$（即甲、乙、丙三个市场的编号分别为1,2,3）；

(2) 状态变量 x_k 表示分配给第 k 个市场至第3个市场的人员数（即第 k 阶段初尚未分配的人员数）；

(3) 决策变量 u_k 表示分配给第 k 市场的人员数；

(4) 状态转移方程：$x_{k+1}=x_k-u_k$；

(5) $g_k(u_k)$ 表示 u_k 个销售人员分配到第 k 个市场所得的收益值，它由上表可查得；

(6) $f_k(x_k)$ 表示将 x_k 个销售人员分配到第 k 个市场至第3个市场所得到的最大收益值，因而可得出递推方程：

$$f_k(x_k)=\max_{u_k}[g_k(u_k)+f_{k+1}(x_{k+1})]=\max_{u_k}[g_k(u_k)+f_{k+1}(x_k-u_k)]\ (k=1,2,3)$$

$$f_4(x_4)=0$$

当 $k=3$ 时，$x_3=u_3$，市场丙的最大收益为 $f_3(x_3)=g_3(u_3)\ (x_3=0,1,\cdots,6)$

于是有 $f_3(0)=g_3(0)=0$，$f_3(1)=g_3(1)=75$，$f_3(2)=g_3(2)=100$，

$f_3(3)=g_3(3)=120$，$f_3(4)=g_3(4)=135$，$f_3(5)=g_3(5)=150$，$f_3(6)=g_3(6)=180$。

$k=2$ 时，$x_3=x_2-u_2$，市场乙、丙的最大收益为

$$f_2(x_2)=\max_{u_2}[g_2(u_2)+f_3(x_3)]=\max_{u_2}[g_2(u_2)+f_3(x_2-u_2)]\ (x_2=0,1,\cdots,6)$$

$$f_2(0)=0$$

$$f_2(1)=\max\begin{Bmatrix}g_2(0)+f_3(1)\\g_2(1)+f_3(0)\end{Bmatrix}=\max\begin{Bmatrix}0+75\\65+0\end{Bmatrix}=\max\begin{Bmatrix}75\\65\end{Bmatrix}=75$$

$$f_2(2)=\max\begin{Bmatrix}g_2(0)+f_3(2)\\g_2(1)+f_3(1)\\g_2(2)+f_3(0)\end{Bmatrix}=\max\begin{Bmatrix}0+100\\65+75\\85+0\end{Bmatrix}=\max\begin{Bmatrix}100\\140\\85\end{Bmatrix}=140$$

$$f_2(3)=\max\begin{Bmatrix}g_2(0)+f_3(3)\\g_2(1)+f_3(2)\\g_2(2)+f_3(1)\\g_2(3)+f_3(0)\end{Bmatrix}=\max\begin{Bmatrix}0+120\\65+100\\85+75\\110+0\end{Bmatrix}=\max\begin{Bmatrix}120\\165\\160\\110\end{Bmatrix}=165$$

$$f_2(4)=\max\begin{Bmatrix}g_2(0)+f_3(4)\\g_2(1)+f_3(3)\\g_2(2)+f_3(2)\\g_2(3)+f_3(1)\\g_2(4)+f_3(0)\end{Bmatrix}=\max\begin{Bmatrix}0+135\\65+120\\85+100\\110+75\\140+0\end{Bmatrix}=\max\begin{Bmatrix}135\\185\\185\\185\\140\end{Bmatrix}=185$$

$$f_2(5)=\max\begin{Bmatrix}g_2(0)+f_3(5)\\g_2(1)+f_3(4)\\g_2(2)+f_3(3)\\g_2(3)+f_3(2)\\g_2(4)+f_3(1)\\g_2(5)+f_3(0)\end{Bmatrix}=\max\begin{Bmatrix}0+150\\65+135\\85+120\\110+100\\140+75\\160+0\end{Bmatrix}=\max\begin{Bmatrix}150\\200\\205\\210\\215\\160\end{Bmatrix}=215$$

$$f_2(6)=\max\begin{Bmatrix}g_2(0)+f_3(6)\\g_2(1)+f_3(5)\\g_2(2)+f_3(4)\\g_2(3)+f_3(3)\\g_2(4)+f_3(2)\\g_2(5)+f_3(1)\\g_2(6)+f_3(0)\end{Bmatrix}=\max\begin{Bmatrix}0+180\\65+150\\85+135\\110+120\\140+100\\160+75\\175+0\end{Bmatrix}=\max\begin{Bmatrix}180\\215\\220\\230\\240\\235\\175\end{Bmatrix}=240$$

当 $k=1$ 时，$x_1=6x_2=x_1-u_1=6-u_1$

市场甲、乙、丙的最大总收益为

$$f_1(x_1)=f_1(6)=\max_{u_1}[g_1(u_1)+f_2(x_2)]=\max_{u_1}[g_1(u_1)+f_2(x_1-u_1)]$$
$$=\max_{u_1}[g_1(u_1)+f_2(6-u_1)]$$

于是 $$f_1(x_1)=\max\begin{Bmatrix}g_1(0)+f_2(6)\\g_1(1)+f_2(5)\\g_1(2)+f_2(4)\\g_1(3)+f_2(3)\\g_1(4)+f_2(2)\\g_1(5)+f_2(1)\\g_1(6)+f_2(0)\end{Bmatrix}=\max\begin{Bmatrix}0+240\\60+215\\80+185\\105+165\\115+140\\130+75\\150+0\end{Bmatrix}=\max\begin{Bmatrix}240\\275\\265\\270\\255\\205\\150\end{Bmatrix}=275$$

从计算过程可知最优分配方案为甲市场分配 1 个销售人员，乙市场分配 4 个销售人员，丙市场分配 1 个销售人员，最大总利润为 275。

此题可利用 Matlab 软件编程来求解。其程序是:

输入:

```
m=1;
A=[0 60 80 105 115 130 150];
B=[0 65 85 110 140 160 175];
C=[0 75 100 120 135 150 180];
for i=1:7
    for j=1:7
        for k=1:7
            if i+j+k==9
              d(m)=A(i)+B(j)+C(k);
              E(m,1)=i;
              E(m,2)=j;
              E(m,3)=k;
              m=m+1;
        else
            continue;
        end
    end
  end
end
MAXNum=d(1);
for l=1:size(d,2)
    if d(l)>MAXNum
        MAXNum=d(l);
        p=l;
    else
        continue;
    end
end
for l=1:size(d,2)
    if d(l)==MAXNum
        E(l,:)
    else
        continue;
    end
end
MAXNum
```

输出:

```
ans =
    2     5     2
MAXNum =
    275
```

最大利润为275,最优分配方案为(1,4,1)。

对状态变量是取离散值的一般的动态规划问题的求解也可以利用Matlab软件命令来解决,其步骤是:

(1) 编写一个DynProg.m文件(见本章后面的附录):

```
function[p_opt,fval] = dynprog(x,DecisFun,SubObjFun,TransFun,ObjFun)
```

(2) 根据上述的允许决策、阶段指标函数、状态转移方程和基本方程写出下面的4个M-函数。

(3) 编写调用DynProg.m计算的主程序。

例6.3.3 某电子设备由5种元1,2,3,4,5组成,其可靠性分别为0.9,0.8,0.5,0.7,0.6。为保证电子设备系统的可靠性,同种元件可并联多个。现允许设备使用元件的总数为15个,问如何设计使设备可靠性最大。

解:将该问题看成一个5阶段动态规划问题,每个元件的配置看成一个阶段。

记x_k为配置第k个元件时可用元件的总数(状态变量);

u_k为第k个元件并联的数目(决策变量);

c_k为第k个元件的可靠性,阶段指标函数为

$$v_k(x_k,u_k)=1-(1-c_k)^{u_k}$$

状态转移方程为

$$x_{k+1}=x_k-u_k$$

基本方程为

$$f_k(x_k)=\min_{u_k}\{[v_k(x_k,u_k)\times f_{k+1}(x_{k+1})]\}$$

根据上述的允许决策、阶段指标函数、状态转移方程和基本方程写出下面的4个M函数:

```
% DecisF1.m
    function u = DecisF1(k,x)          % 在阶段k由状态变量x的值求出其相应的决策变
量所有的取值
    if k = =5,u = x; else u =1:x -1;end
% SubObjF1.m
    function v = SubObjF1(k,x,u)       % 阶段k的指标函数
    c =[0.9,0.8,0.5,0.5,0.4]; v =1 -(1 -c(k))^u;
    v = -v;                            % 将求max转换为求min
% TransF1.m
    function y = TransF1(k,x,u)        % 状态转移方程
    y =x -u;                           % ObjF1.m
% 基本方程中的函数g
    function y = ObjF1(v,f)
    y =v * f; y = -y;                  % 将求max转换为求min
```

调用DynProg.m计算的主程序如下:(example1.m):

输入:

```
clear;n =15;                           % 15个元件
x1 =[n;nan * ones(n -1,1)];
```

```
x2 =1:n; x2 =x2'; x =[x1,x2,x2,x2,x2];
[p,f] =dynprog(x,'DecisF1','SubObjF1','TransF1','ObjF1')
```

输出:

```
p = 1.0000  15.0000  2.0000  -0.9900
    2.0000  13.0000  2.0000  -0.9600
    3.0000  11.0000  4.0000  -0.9375
    4.0000  7.0000   3.0000  -0.9730
    5.0000  4.0000   4.0000  -0.9744
f = -0.8447
```

结果表明:1,2,3,4 和 5 号元件分别并联 2,2,4,3,4 个,系统总可靠性最大为0.8447。

注:对于状态变量取连续值的动态规划,在每一阶段求最优函数时也可利用 Matlab 来求。

动态规划的主要缺点是:

(1) 没有统一的标准模型,也没有构造模型的通用方法,甚至还没有判断一个问题能否构造动态规划模型的准则。这样就只能对每类问题进行具体分析,构造具体的模型。对于较复杂的问题在选择状态、决策、确定状态转移规律等方面需要丰富的想象力和灵活的技巧性,这就带来了应用上的局限性。

(2) 即使有程序可用数值方法求解时也存在维数灾(curse of dimensionality),即若一维状态变量有 m 个取值,那么对于 n 维问题,状态 x_k 就有 m^n 个值,对于每个状态值都要计算、存储函数 $f_k(x_k)$,对于 n 稍大(即使 $n=3$)的实际问题的计算往往是不现实的。目前,还没有克服维数灾的有效的一般方法。

附　　录

Matlab 实现函数:(dynprog. m 文件)

```
function[p_opt,fval] =dynprog(x,DecisFun,SubObjFun,TransFun,ObjFun)
                                  % x 是状态变量,一列代表一个阶段的所有状态;
   % M 函数 DecisFun(k,x)由阶段 k 的状态变量 x 求出相应的允许决策变量;
   % M 函数 SubObjFun(k,x,u) 是阶段指标函数,
   % M 函数 ObjFun(v,f) 是第 k 阶段至最后阶段的总指标函数
   % M 函数 TransFun(k,x,u)是状态转移函数, 其中 x 是阶段 k 的某状态变量, u 是相应的
决策变量;
   % 输出 p_opt 由 4 列构成,p_opt =[序号组;最优策略组;最优轨线组;指标函数值组];
   % 输出 fval 是一个列向量,各元素分别表示 p_opt 各最优策略组对应始端状态 x 的最优函
数值。
k =length(x(1,:));                  % 判断决策级数
x_isnan = ~isnan(x);                % 非空状态矩阵
t_vubm =inf*ones(size(x));          % 性能指标中间矩阵
f_opt =nan*ones(size(x));           % 总性能指标矩阵
d_opt =f_opt;                       % 每步决策矩阵
```

```
tmp1 = find(x_isnan(:,k));                  % 最后一步状态向量
tmp2 = length(tmp1);                        % 最后一步状态个数
for i = 1:tmp2
   u = feval(DecisFun,k,x(tmp1(i),k)); tmp3 = length(u);  % 决策变量
   for j = 1:tmp3           % 求出当前状态下所有决策的最小性能指标
      tmp = feval(SubObjFun,k,x(tmp1(i),k),u(j));
      if tmp < = t_vubm(i,k) % t_vub
         f_opt(i,k) = tmp;d_opt(i,k) = u(j);t_vubm(i,k) = tmp;
end;end;end
for ii = k - 1: - 1:1
   tmp10 = find(x_isnan(:,ii));tmp20 = length(tmp10);
   for i = 1:tmp20                          % 求出当前状态下所有可能的决策
     u = feval(DecisFun,ii,x(tmp10(i),ii));tmp30 = length(u);
   for j = 1:tmp30                    % 求出当前状态下所有决策的最小性能指标
     tmp00 = feval(SubObjFun,ii,x(tmp10(i),ii),u(j));       % 单步性能指标
     tmp40 = feval(TransFun,ii,x(tmp10(i),ii),u(j));           % 下一状态
     tmp50 = x(:,ii +1) - tmp40;                  % 找出下一状态在 x 矩阵的位置
     tmp60 = find(tmp50 = =0);
     if ~ isempty(tmp60),
       if nargin < 5,tmp00 = tmp00 + f_opt(tmp60(1),ii +1); % set the default ob-
ject value
       else,tmp00 = feval(ObjFun,tmp00,f_opt(tmp60(1),ii +1)); end   % 当前状态的
性能指标
       if tmp00 < =t_vubm(i,ii) f_opt(i,ii) =tmp00;d_opt(i,ii) = u(j);t_vubm(i,
ii) = tmp00; end;
     end;end; end;end;
fval = f_opt(:,1);tmp0  = find( ~ isnan(fval));fval = fval(tmp0,1);
p_opt = [];tmpx = [];tmpd = [];tmpf = [];
tmp01 = length(tmp0);
for i = 1:tmp01
   tmpd(i) = d_opt(tmp0(i),1);tmpx(i) = x(tmp0(i),1);
   tmpf(i) = feval(SubObjFun,1,tmpx(i),tmpd(i));
   p_opt(k * (i -1) +1,[1,2,3,4]) =[1,tmpx(i),tmpd(i),tmpf(i)];
   for ii = 2:k
     tmpx(i) = feval(TransFun,ii,tmpx(i),tmpd(i));
     tmp1 = x(:,ii) - tmpx(i);tmp2 = find(tmp1 = =0);
     if ~isempty(tmp2),tmpd(i) = d_opt(tmp2(1),ii);end;
     tmpf(i) = feval(SubObjFun,ii,tmpx(i),tmpd(i));
     p_opt(k * (i -1) + ii,[1,2,3,4]) = [ii,tmpx(i),tmpd(i),tmpf(i)];
end;end;
```

习 题 六

1. 设某工厂有1000台机器,生产两种产品A、B,若投入y台机器生产A产品,则纯收入为$5y$;若投入y台机器生产B种产品,则纯收入为$4y$。又知:生产A种产品机器的年折损率为20%,生产B产品机器的年折损率为10%,问在5年内如何安排各年度的生产计划,才能使总收入最高(给出Matlab的求解程序)。

2. 有四个工人,要指派他们分别完成4项工作,每人做各项工作所消耗的时间如下表:

工人＼工作	A	B	C	D
甲	15	18	21	24
乙	19	23	22	18
丙	26	17	16	19
丁	19	21	23	17

问指派哪个人去完成哪项工作,可使总的消耗时间为最小。试对此问题用动态规划方法求解。

3. 为保证某一设备的正常运转,需备有三种不同的零件E_1、E_2、E_3。若增加备用零件的数量,可提高设备正常运转的可靠性,但增加了费用,而投资额仅为8000元。已知备用零件数与它的可靠性和费用的关系如表所列。

备件数	增加的可靠性			设备的费用/千元		
	E_1	E_2	E_3	E_1	E_2	E_3
$z=1$	0.3	0.2	0.1	1	3	2
$z=2$	0.4	0.5	0.2	2	5	3
$z=3$	0.5	0.9	0.7	3	6	4

现要求在既不超出投资额的限制,又能尽量提高设备运转的可靠性的条件下,问各种零件的备件数量应是多少为好。

第七章

层次分析

层次分析法(Analytic Hierarchy Process, AHP)是对一些较为复杂、较为模糊的问题作出决策的简易方法,它特别适用于那些难于完全定量分析的问题。它是美国运筹学家 T. L. Saaty 教授于20世纪70年代初期提出的一种简便、灵活而又实用的多准则决策方法。在介绍层次分析法之前,我们首先引入矩阵的特征值概念。

7.1 矩阵的特征值

一、矩阵特征值的基本概念

设 $\boldsymbol{A}$ 为 n 阶方阵,若存在数 λ 和 n 维非零向量 $\boldsymbol{a}\neq 0$,使 $\boldsymbol{A}\boldsymbol{a}=\lambda\boldsymbol{a}$,则称 λ 是 A 的特征值,$\boldsymbol{a}$ 是属于 λ 的特征向量;矩阵 $\lambda\boldsymbol{E}-\boldsymbol{A}$ 称为 $\boldsymbol{A}$ 的特征矩阵;$|\lambda\boldsymbol{E}-\boldsymbol{A}|$ 是 λ 的 n 次多项式,称为 $\boldsymbol{A}$ 的特征多项式;$|\lambda\boldsymbol{E}-\boldsymbol{A}|=0$ 称为 $\boldsymbol{A}$ 的特征方程。

二、特征值、特征向量的求法

(1) 可通过解特征方程 $|\lambda\boldsymbol{E}-\boldsymbol{A}|=0$ 计算 $\boldsymbol{A}$ 的特征值;

(2) 对每一个特征值 λ_0,求出相应的齐次线性方程组 $(\lambda_0\boldsymbol{E}-\boldsymbol{A})X=0$ 一个基础解系 $\xi_1,\xi_2,\cdots,\xi_s$,则属于 λ_0 的全部特征向量为 $k_1\xi_1+\cdots+k_s\xi_s$,其中 $k_1,k_2,\cdots,k_s$ 为不全为零的任意常数。

例 7.1.1 求矩阵 $\boldsymbol{A}=\begin{pmatrix}-3 & -1 & 2\\ 0 & -1 & 4\\ -1 & 0 & 1\end{pmatrix}$ 的实特征值及对应的特征向量。

解:

$$|\lambda\boldsymbol{E}-\boldsymbol{A}|=\begin{vmatrix}\lambda+3 & 1 & -2\\ 0 & \lambda+1 & -4\\ 1 & 0 & \lambda-1\end{vmatrix}=\begin{vmatrix}\lambda+3 & 1 & 0\\ 0 & \lambda+1 & 2\lambda-2\\ 1 & 0 & \lambda-1\end{vmatrix}=(\lambda-1)(\lambda^2+4\lambda+5)$$

$|\lambda\boldsymbol{E}-\boldsymbol{A}|=(\lambda-1)(\lambda^2+4\lambda+5)$ 所以实特征值为 $\lambda=1$。

$$|\boldsymbol{E}-\boldsymbol{A}|=\begin{pmatrix}4 & 1 & -2\\ 0 & 2 & -4\\ 1 & 0 & 0\end{pmatrix}\rightarrow\begin{pmatrix}1 & 0 & 0\\ 0 & 1 & -2\\ 0 & 0 & 0\end{pmatrix},\text{基础解系 } \boldsymbol{a}=\begin{pmatrix}0\\ 2\\ 1\end{pmatrix}。$$

故属于特征值 $\lambda=1$ 的所有特征向量为 $k(0,2,1)^{T}$,k 为任意非零常数。

Matlab 求矩阵的特征值特征根的命令为

$$[v,d]=\text{eig}(A)$$

其中,$\boldsymbol{A}$ 为要求特征值的矩阵;$\boldsymbol{V}$ 为特征向量矩阵;$\boldsymbol{d}$ 为特征值矩阵。

上例 Matlab 命令为

```
syms v d
a=[-3 -1 2;0 -1 4;-1 0 1]
[v,d]=eig(a)
```

运行结果为

```
v =
  -0.0000            0.7255              0.7255
  -0.8944            -0.2902 - 0.5804i   -0.2902 + 0.5804i
  -0.4472            0.2176 + 0.0725i    0.2176 - 0.0725i
d =
  1.0000                0                   0
      0          -2.0000 + 1.0000i          0
      0                 0            -2.0000 - 1.0000i
```

结果分析,从特征值矩阵 $\boldsymbol{d}$ 中看出该矩阵只有一个实特征根 1,对应的特征向量为 $\boldsymbol{v}$ 中的第一列。

7.2　层次分析的一般方法

一、层次分析法的原理与步骤

人们在进行社会的、经济的以及科学管理领域问题的系统分析中,面临的常常是一个由相互关联、相互制约的众多因素构成的复杂而往往缺少定量数据的系统。层次分析法为这类问题的决策和排序提供了一种新的、简洁而实用的建模方法。

运用层次分析法建模,可按下面四个步骤进行:

(1) 建立递阶层次结构模型;

(2) 构造出各层次中的所有判断矩阵;

(3) 层次单排序及一致性检验;

(4) 层次总排序及一致性检验。

下面分别说明这四个步骤的实现过程。

1. 递阶层次结构的建立与特点

应用 AHP 分析决策问题时,首先要把问题条理化、层次化,构造出一个有层次的结构模型。在这个模型下,复杂问题被分解为元素的组成部分。这些元素又按其属性及关系形成若干层次,上一层次的元素作为准则对下一层次有关元素起支配作用。这些层次可以分为三类:

(1) 最高层:这一层次中只有一个元素,一般它是分析问题的预定目标或理想结果,因此也称为目标层。

(2) 中间层:这一层次中包含了为实现目标所涉及的中间环节,它可以由若干个层次组成,包括所需考虑的准则、子准则,因此也称为准则层。

(3) 最底层:这一层次包括了为实现目标可供选择的各种措施、决策方案等,因此也称为措施层或方案层。递阶层次结构中的层次数与问题的复杂程度及需要分析的详尽程度有关,一般底层次数不受限制。每一层次中各元素所支配的元素一般不要超过9个,这是因为支配的元素过多会给两两比较判断带来困难。

下面结合一个实例来说明递阶层次结构的建立。

例 7.2.1 假期旅游有 P_1、P_2、P_3三个旅游胜地供你选择,试确定一个最佳地点。在此问题中,你会根据诸如景色、费用、居住、饮食和旅途条件等一些准则去反复比3个候选地点。可以建立如下的层次结构模型。

目标层 O　　选择旅游地

准则层 C　　景色 、费用 、居住 、饮食 、旅途

措施层 P　　选择旅游胜地 P_1、选择旅游胜地 P_2、选择旅游胜地 P_3

2. 构造判断矩阵

层次结构反映了因素之间的关系,但准则层中的各准则在目标衡量中所占的比重并不一定相同,在决策者心目中,它们各占有一定的比例。

在确定影响某因素的诸因子在该因素中所占的比重时,遇到的主要困难是这些比重常常不易量化。此外,当影响某因素的因子较多时,直接考虑各因子对该因素有多大程度的影响时,常常会因考虑不周全、顾此失彼而使决策者提出与他实际认为的重要性程度不相一致的数据,甚至有可能提出一组隐含矛盾的数据。为看清这一点,可作如下假设:

将一块重为1kg的石块砸成 n 小块,你可以精确称出它们的重量,设为 $w_1, w_2, \cdots, w_n$,现在,请人估计这 n 小块的重量占总重量的比例(不能让他知道各小块的重量),此人不仅很难给出精确的比值,而且完全可能因顾此失彼而提供彼此矛盾的数据。

设现在要比较 n 个因子 $X=\{x_1,x_2,\cdots,x_n\}$ 对某因素 Z 的影响大小,怎样比较才能提供可信的数据呢?Saaty 等人建议可以采取对因子进行两两比较建立成对比较矩阵的办法。即每次取两个因子 x_i和 x_j,以 a_{ij}表示 x_i和 x_j对 Z 的影响大小之比,全部比较结果用矩阵 $\boldsymbol{A}=(a_{ij})_n$表示,称 $\boldsymbol{A}$ 为 Z、X 之间的成对比较判断矩阵(简称判断矩阵)。容易看出,若 x_i与 x_j对 Z 的影响之比为 a_{ij},则 x_j与 x_i对 Z 的影响之比应为 $a_{ji}=\dfrac{1}{a_{ij}}$。

若矩阵 $\boldsymbol{A}=(a_{ij})_n$满足:

(1) $a_{ij}>0$;

(2) $a_{ji}=\dfrac{1}{a_{ij}}(i,j=1,2,\cdots,n)$,

则称为正互反矩阵(易见 $a_{ii}=1, i=1,2,\cdots,n$)。

关于如何确定 a_{ij}的值,Saaty 等人建议引用数字 1 ~9 及其倒数作为标度。表 7-2-1 列出了 1 ~9 标度的含义。

从心理学观点来看,分级太多会超越人们的判断能力,即增加了做判断的难度,又容易因此而提供虚假数据。Saaty 等人还用实验方法比较了在各种不同标度下,人们判断结

果的正确性。实验结果也表明,采用 1 ~9 标度最为合适。

表 7 -2 -1

标度	含　义
1	表示两个因素相比,具有相同的重要性
3	表示两个因素相比,前者比后者稍重要
5	表示两个因素相比,前者比后者明显重要
7	表示两个因素相比,前者比后者强烈重要
9	表示两个因素相比,前者比后者极端重要
2,4,6,8	表示上述相邻判断的中间值
倒数	若因素 i 与因素 j 的重要性之比为 a_{ij},则因素 j 与因素 i 重要性之比为 $a_{ji}=\frac{1}{a_{ij}}$

最后,应该指出,一般地做$\frac{n(n-1)}{2}$次两两判断是必要的。有人认为把所有因素都和某个因素比较,即只做 $n-1$ 次比较就可以了。这种做法的弊病在于,任何一个判断的失误均可以导致不合理的排序,而个别的失误对于难以定量的系统往往是难以避免的。进行$\frac{n(n-1)}{2}$次比较可以提供更多的信息,通过各种不同角度的反复比较,从而导出一个合理的排序。

3. 层次单排序及一致性检验

判断矩阵 $\boldsymbol{A}$ 对应于模最大的特征值(称为最大特征值)λ_{max}的特征向量 $\boldsymbol{W}$,经归一化后即为同一层次相应因素对于上一层次某因素向相对重要性的排序权值,这一过程称为层次单排序。

上述构造成对比较判断矩阵的办法虽能减少其他因素的干扰,较客观地反映出一对因子影响力的差别。但综合全部比较结果时,其中难免包含一定程度的非一致性。如果比较结果是前后完全一致的,则矩阵 $\boldsymbol{A}$ 的元素还应当满足:

$$a_{ij}a_{jk}=a_{ik},\ \forall i,j,k=1,2,\cdots,n$$

称满足上式的正互反矩阵为一致矩阵。

需要检验构造出来的(正互反)判断矩阵 $\boldsymbol{A}$ 是否严重地非一致,以便确定是否接受 $\boldsymbol{A}$。

可以证明:

(1) 正互反矩阵 $\boldsymbol{A}$ 的最大特征值 λ_{max}必为正实数,其对应特征向量的所有分量均为正实数。$\boldsymbol{A}$ 的其余特征值的模均严格小于 λ_{max}。

(2) 若 $\boldsymbol{A}$ 为一致矩阵,则①$\boldsymbol{A}$ 的转置矩阵 $\boldsymbol{A}^{T}$ 也是一致矩阵。②$\boldsymbol{A}$ 的任意两行成比例,比例因子大于零,从而 rank($\boldsymbol{A}$) =1(同样,$\boldsymbol{A}$ 的任意两列也成比例)。③$\boldsymbol{A}$ 的最大特征值 $\lambda_{max}=n$,其中,n 为矩阵 $\boldsymbol{A}$ 的阶。$\boldsymbol{A}$ 的其余特征根均为零。④若 $\boldsymbol{A}$ 的最大特征值 λ_{max} 对应的特征向量 $\boldsymbol{W}=(w_1,w_2,\cdots,w_n)^{T}$,则 $a_{ij}=\frac{w_i}{w_j},\ \forall i,j=1,2,\cdots,n$,即

$$A=\begin{bmatrix}\frac{w_1}{w_1} & \frac{w_1}{w_2} & \cdots & \frac{w_1}{w_n}\\ \frac{w_2}{w_1} & \frac{w_2}{w_2} & \cdots & \frac{w_2}{w_n}\\ \vdots & \vdots & \cdots & \vdots\\ \frac{w_n}{w_1} & \frac{w_n}{w_2} & \cdots & \frac{w_n}{w_n}\end{bmatrix}$$

(3) n 阶正互反矩阵 $\boldsymbol{A}$ 为一致矩阵当且仅当其最大特征值 $\lambda_{\max}=n$,且当正互反矩阵 $\boldsymbol{A}$ 非一致时,必有 $\lambda_{\max}>n$。

根据(3),我们可以由 $\lambda_{\max}$是否等于 n 来检验判断矩阵 $\boldsymbol{A}$ 是否为一致矩阵。由于特征值连续地依赖 a_{ij},故 $\lambda_{\max}$比 n 大得越多,A 的非一致性也就越严重,$\lambda_{\max}$对应的标准化特征向量也越不能真实地反映出 $X=\{x_1,x_2,\cdots,x_n\}$ 在对因素 Z 的影响中所占的比重。因此,对决策者提供的判断矩阵有必要做一次一致性检验,已决定是否能接受它。

对判断矩阵的一致性检验的步骤如下:

① 计算一致性指标 CI

$$CI=\frac{\lambda_{\max}-n}{n-1}$$

② 查找相应的平均随机一致性指标 RI。对 $n=1,2,\cdots,9$,Saaty 给出了 RI 的值,如表 7-2-2 所列。

表 7-2-2

n	1	2	3	4	5	6	7	8	9
RI	0	0	0.58	0.90	1.12	1.24	1.32	1.41	1.45

RI 的值是这样得到的,用随机方法构造 500 个样本矩阵:随机地从 1 ~ 9 及其倒数中抽取数字构造正互反矩阵,求的最大特征根的平均值 $\lambda'_{\max}$,并定义

$$RI=\frac{\lambda'_{\max}-n}{n-1}$$

③ 计算一致性比例 CR

$$CR=\frac{CI}{RI}$$

当 $CR<0.10$ 时,认为判断矩阵的一致性是可以接受的,否则应对判断矩阵做适当修正。

4. 层次总排序及一致性检验

上面我们得到的是一组元素对其上一层中某元素的权重向量。我们最终要得到各元素,特别是最底层中各方案对于目标的排序权重,从而进行方案选择。总排序权重要自上而下地将单排序得到的权重进行合成。

设上一层次(A 层)包含 $A_1,A_2,\cdots,A_m$共 m 个因素,它们的层次总排序权重分别为 a_1,$a_2,\cdots,a_m$。又设其后的下一层次(B 层)包含 n 个因素 $B_1,B_2,\cdots,B_n$,它们关于 A_j的层次单排序权重分别为 $b_{1j},b_{2j},\cdots,b_{nj}$(当 B_i与 A_j无关联时,$b_{ij}=0$)。现求 B 层中各因素关于总目标的权重,即求 B 层中各因素的层次总排序权重 $b_1,b_2,\cdots,b_n$,计算按下式所示方式进

行，即 $b_i = \sum_{j=1}^{m} b_{ij}a_j (i = 1,2,\cdots,n)$。

$$\begin{pmatrix} b_1 \\ b_2 \\ \vdots \\ b_n \end{pmatrix} = \begin{pmatrix} b_{11} & b_{12} & \cdots & b_{1m} \\ b_{21} & b_{22} & \cdots & b_{2m} \\ \vdots & \vdots & \vdots & \vdots \\ b_{n1} & b_{n2} & \cdots & b_{nm} \end{pmatrix} \begin{pmatrix} a_1 \\ a_2 \\ \vdots \\ a_m \end{pmatrix} = \begin{pmatrix} \sum_{j=1}^{m} b_{1j}a_j \\ \sum_{j=1}^{m} b_{2j}a_j \\ \vdots \\ \sum_{j=1}^{m} b_{nj}a_j \end{pmatrix}$$

对层次总排序也需做一致性检验，检验仍像层次单排序那样由高层到低层逐层进行。这是因为虽然各层次均已经过层次单排序的一致性检验，各成对比较判别矩阵都已具有较为满意的一致性。但当综合考察时，各层次的非一致性仍有可能积累起来，因其最终分析结果较严重的非一致性。

设 B 层中与 A_j 相关的因素的成对比较矩阵在单排序中经一致性检验，求得单排序一致性指标为 $CI(j)(j=1,2,\cdots,m)$，相应的平均随机一致性指标为 $RI(j)$（$CI(j)$、$RI(j)$ 已在层次单排序时求得），则 B 层总排序随机一致性指标为

$$CR = \frac{\sum_{j=1}^{m} CI(j)a_j}{\sum_{j=1}^{m} RI(j)a_j}$$

当 $CR < 0.10$ 时，认为层次总排序结果具有较满意的一致性并接受该分析结果。

7.3 层次分析法的应用

在应用层次分析法研究问题时，遇到的主要困难有两个：

（1）如何根据实际情况抽象出较为贴切的层次结构；

（2）如何将某些定性的量作比较接近实际的定量化处理。

层次分析法对人们的思维过程进行了加工整理，提出了一套系统分析问题的方法，为科学管理和决策提供了较有说服力的依据。

但层次分析法也有其局限性，主要表现在：

（1）它在很大程度上依赖于人们的经验，主观因素的影响很大，它至多只能排除思维过程中的严重非一致性，却无法排除决策者个人可能存在的严重片面性。

（2）比较、判断过程较为粗糙，不能用于精度要求较高的决策问题。AHP 至多只能算是一种半定量（或定性与定量结合）的方法。

AHP 方法经过几十年的发展，许多学者针对 AHP 的缺点进行了改进和完善，形成了一些新理论和新方法，像群组决策、模糊决策和反馈系统理论近几年成为该领域的一个新热点。

在应用层次分析法时，建立层次结构模型是十分关键的一步。现再分析一个实例，以便说明如何从实际问题中抽象出相应的层次结构。

例 7.3.1 挑选合适的工作。经双方恳谈,已有三个单位表示愿意录用某毕业生。该生根据已有信息建立了一个层次结构模型,如下图所示。

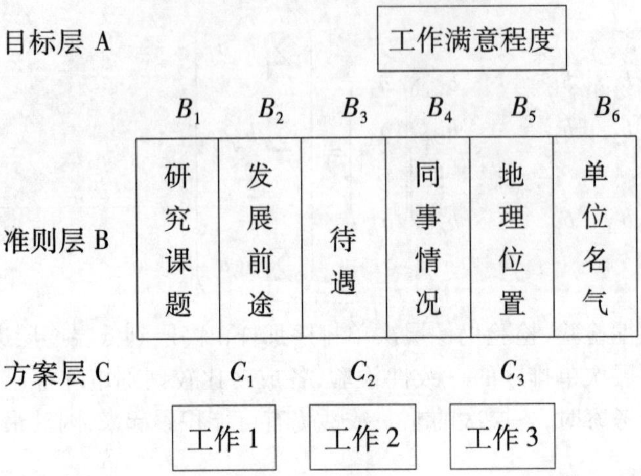

目标层 A　　工作满意程度

准则层 B

B_1	B_2	B_3	B_4	B_5	B_6
研究课题	发展前途	待遇	同事情况	地理位置	单位名气

方案层 C　　C_1 工作 1　　C_2 工作 2　　C_3 工作 3

B 层对于 A 层的判断矩阵和 C 层对于 B 层各因素的判断矩阵如下:

B 层对于 A 层的判断矩阵:

$$\begin{pmatrix} 1 & 1 & 1 & 4 & 1 & \frac{1}{2} \\ 1 & 1 & 2 & 4 & 1 & \frac{1}{2} \\ 1 & \frac{1}{2} & 1 & 5 & 3 & \frac{1}{2} \\ \frac{1}{4} & \frac{1}{4} & \frac{1}{5} & 1 & \frac{1}{3} & \frac{1}{3} \\ 1 & 1 & \frac{1}{3} & 3 & 1 & 1 \\ 2 & 2 & 2 & 3 & 3 & 1 \end{pmatrix}$$

C 层对 B_1 的判断矩阵:

$$\begin{pmatrix} 1 & \frac{1}{4} & \frac{1}{2} \\ 4 & 1 & 3 \\ 2 & \frac{1}{3} & 1 \end{pmatrix}$$

C 层对 B_2 的判断矩阵:

$$\begin{pmatrix} 1 & \frac{1}{4} & \frac{1}{5} \\ 4 & 1 & \frac{1}{2} \\ 5 & 2 & 1 \end{pmatrix}$$

C 层对 B_3 的判断矩阵:

$$\begin{pmatrix} 1 & 3 & \frac{1}{3} \\ \frac{1}{3} & 1 & 7 \\ 3 & \frac{1}{7} & 1 \end{pmatrix}$$

C 层对 B_4 的判断矩阵:

$$\begin{pmatrix} 1 & \frac{1}{3} & 5 \\ 3 & 1 & 7 \\ \frac{1}{5} & \frac{1}{7} & 1 \end{pmatrix}$$

C 层对 B_5 的判断矩阵：

$$\begin{pmatrix} 1 & 1 & 7 \\ 1 & 1 & 7 \\ \frac{1}{7} & \frac{1}{7} & 1 \end{pmatrix}$$

C 层对 B_6 的判断矩阵：

$$\begin{pmatrix} 1 & 7 & 9 \\ \frac{1}{7} & 1 & 1 \\ \frac{1}{9} & 1 & 1 \end{pmatrix}$$

层次总排序如下表所列。

准则		研究课题	发展前途	待遇	同事情况	地理位置	单位名气	总排序权值
准则层权值		0.1507	0.1792	0.1886	0.0472	0.1464	0.2879	
方案层单排序权值	工作1	0.1365	0.0974	0.2526	0.2790	0.4667	0.7986	0.3952
	工作2	0.6250	0.3331	0.0879	0.6491	0.4667	0.1049	0.2996
	工作3	0.2385	0.5695	0.6694	0.0719	0.0667	0.0965	0.3052

根据层次总排序权值(0.3952,0.2996,0.3052)，该生最满意的工作为工作1。

用 Matlab 计算程序如下：

输入：

```
clc
a=[1,1,1,4,1,1/2
1,1,2,4,1,1/2
1,1/2,1,5,3,1/2
1/4,1/4,1/5,1,1/3,1/3
1,1,1/3,3,1,1
2,2,2,3,3,1];
[x,y]=eig(a);eigenvalue=diag(y);lamda=eigenvalue(1);
ci1=(lamda-6)/5;cr1=ci1/1.24
w1=x(:,1)/sum(x(:,1))
b1=[1,1/4,1/2;4,1,3;2,1/3,1];
[x,y]=eig(b1);eigenvalue=diag(y);lamda=eigenvalue(1)
ci21=(lamda-3)/2;cr21=ci21/0.58
w21=x(:,1)/sum(x(:,1))
b2=[1,1/4,1/5;4,1,1/2;5,2,1];
[x,y]=eig(b2);eigenvalue=diag(y);lamda=eigenvalue(1)
ci22=(lamda-3)/2;cr22=ci22/0.58
w22=x(:,1)/sum(x(:,1))
b3=[1,3,1/3;1/3,1,1/7;3,7,1];
[x,y]=eig(b3);eigenvalue=diag(y);lamda=eigenvalue(1)
ci23=(lamda-3)/2;cr23=ci23/0.58
w23=x(:,1)/sum(x(:,1))
b4=[1,1/3,5;3,1,7;1/5,1/7,1];
[x,y]=eig(b4);eigenvalue=diag(y);lamda=eigenvalue(1)
ci24=(lamda-3)/2;cr24=ci24/0.58
```

```
w24 = x(:,1)/sum(x(:,1))
b5 = [1,1,7;1,1,7;1/7,1/7,1];
[x,y] = eig(b5);eigenvalue = diag(y);lamda = eigenvalue(1)
ci25 = (lamda - 3)/2;cr25 = ci25/0.58
w25 = x(:,2)/sum(x(:,2))
b6 = [1,7,9;1/7,1,1;1/9,1,1];
[x,y] = eig(b6);eigenvalue = diag(y);lamda = eigenvalue(1)
ci26 = (lamda - 3)/2;cr26 = ci26/0.58
w26 = x(:,1)/sum(x(:,1))
w_sum = [w21,w22,w23,w24,w25,w26] * w1
ci = [ci21,ci22,ci23,ci24,ci25,ci26];
cr = ci * w1/sum(0.58 * w1)
```

输出:

```
cr1 = 0.0996
w1 =0.1507
    0.1792
    0.1886
    0.0472
    0.1464
    0.2879
lamda =3.0183
cr21 = 0.0158
w21 =0.1365
    0.6250
    0.2385
lamda =3.0246
cr22 =0.0212
w22 =0.0974
    0.3331
    0.5695
lamda =3.0070
cr23 =0.0061
w23 =0.2426
    0.0879
    0.6694
lamda =3.0649
cr24 =0.0559
w24 =0.2790
    0.6491
    0.0719
lamda = -2.2204e-016
cr25 = -2.5862
w25 =0.4667
```

```
    0.4667
    0.0667
lamda =3.0070
cr26 =0.0061
w26 =0.7986
    0.1049
    0.0965
w_sum =0.3952
    0.2996
    0.3052
```

例 7.3.2　你已经去过几家主要的摩托车商店，基本确定将从三种车型中选购一种，你选择的标准主要有：价格、耗油量大小、舒适程度和外观美观情况。经反复思考比较，构造了它们之间的成对比较判断矩阵。

$$\boldsymbol{A}=\begin{pmatrix}1 & 3 & 7 & 8\\ 1/3 & 1 & 5 & 5\\ 1/7 & 1/5 & 1 & 3\\ 1/8 & 1/5 & 1/3 & 1\end{pmatrix}$$

三种车型（记为 a、b、c）关于价格、耗油量、舒适程度和外表美观情况的成对比较判断矩阵为

（价格）　　（耗油量）

$$\begin{pmatrix}1 & 2 & 3\\ 1/2 & 1 & 2\\ 1/3 & 1/2 & 1\end{pmatrix}\quad\begin{pmatrix}1 & 1/5 & 1/2\\ 5 & 1 & 7\\ 2 & 1/7 & 1\end{pmatrix}$$

（舒适程度）　　（外表）

$$\begin{pmatrix}1 & 3 & 5\\ 1/3 & 1 & 4\\ 1/5 & 1/4 & 1\end{pmatrix}\quad\begin{pmatrix}1 & 1/5 & 3\\ 5 & 1 & 7\\ 1/3 & 1/7 & 1\end{pmatrix}$$

（1）根据上述矩阵可以看出四项标准在你心目中的比重是不同的，请按由重到轻顺序将它们排出。

（2）哪辆车最便宜，哪辆车最省油，哪辆车最舒适，哪辆车最漂亮？

（3）用层次分析法确定你对这三种车型的喜欢程度（用百分比表示）。

解：本问题的目标层 O：选择一种车型；准则层 C：价格、耗油量、舒适程度和外表美观情况；方案层：a、b、c 三种车型。

用 Matlab 计算：

输入：

```
clear;
clc;
n1 =4; % 准则层的判断矩阵阶数
```

```
n2 =3; % 方案层的判断矩阵阶数
A =[1 3 7 8;1/3 1 5 5;1/7 1/5 1 3;1/8 1/5 1/3 1];     % 准则层的判断矩阵
Price =[1 2 3;1/2 1 2;1/3 1/2 1];
Consumption =[1 1/5 1/2;5 1 7;2 1/7 1];
Comfort =[1 3 5;1/3 1 4;1/5 1/4 1];
Appearance =[1 1/5 3;5 1 7;1/3 1/7 1];
RI =[0 0 0.58 0.90 1.12 1.24 1.32 1.41 1.45];     % 平均随机一致性指标 RI
ri =[0,0,0.58,0.90,1.12,1.24,1.32,1.41,1.45];     % 一致性指标
[x,y] =eig(A);
lamda =max(diag(y));
num =find(diag(y) = =lamda);
w0 =x(:,num)/sum(x(:,num));
cr0 =(lamda -n1)/(n1 -1)/RI(n1);
    [x,y] =eig(Price);
lamda =max(diag(y));
num =find(diag(y) = =lamda);
w1(:,1) =x(:,num)/sum(x(:,num));
cr1(1) =(lamda -n2)/(n2 -1)/ri(n2);
    [x,y] =eig(Consumption);
lamda =max(diag(y));
num =find(diag(y) = =lamda);
w1(:,2) =x(:,num)/sum(x(:,num));
cr1(2) =(lamda -n2)/(n2 -1)/ri(n2);
    [x,y] =eig(Comfort);
lamda =max(diag(y));
num =find(diag(y) = =lamda);
w1(:,3) =x(:,num)/sum(x(:,num));
cr1(3) =(lamda -n2)/(n2 -1)/ri(n2);
    [x,y] =eig(Appearance);
lamda =max(diag(y));
num =find(diag(y) = =lamda);
w1(:,4) =x(:,num)/sum(x(:,num));
cr1(4) =(lamda -n2)/(n2 -1)/ri(n2);
   cr0,cr1, w0,w1,ts =w1 * w0, cr =cr1 * w0
```

输出:

```
cr0  = 0.0734
cr1  = 0.0079    0.1025    0.0739    0.0559
w0  =0.5820
    0.2786
    0.0899
    0.0495
w1  =0.5396    0.1056    0.6267    0.1884
    0.2970    0.7445    0.2797    0.7306
```

```
    0.1634    0.1499    0.0936    0.0810
ts =0.4091
    0.4416
    0.1493
cr = 0.0426
```

即：

(1) 准则层的判断矩阵的一致性比例：cr0 = 0.0734 <0.1，认为准则层判断矩阵的一致性是可以接受的。

(2) 方案层中的价格、耗油量、舒适程度和外表美观情况判断矩阵 cr1 = 0.0079，0.1025，0.0739，0.0559，除0.1025(约等于0.1)稍大于0.1外，其他均小于0.1，认为方案层判断矩阵的一致性是可以接受的。

(3) 总排序随机一致性比例 cr = 0.0426 <0.1，认为层次总排序结果具有较满意的一致性并接受该分析结果。

(4) 对价格、耗油量、舒适程度和外表美观情况的看重程度由 w0 得出，可以看出对价格最看重，比例为58.2%，耗油量次之，外表最不看重。

```
w0 =0.5820
0.2786
0.0899
0.0495
```

(5) 对三种车型的价格、耗油量、舒适程度和外表美观情况的满意程度由 w1 得出，对第一种车型的舒适程度最满意，为0.6267；对第二种车型的耗油量最满意，为0.7445；对第三种车型的价格最满意，为0.1634。

```
w1 =0.5396    0.1056    0.6267    0.1884
0.2970    0.7445    0.2797    0.7306
0.1634    0.1499    0.0936    0.0810
```

(6) 对三种车型的总体满意度为第二种车型最高，为0.4416。

```
ts = 0.4091
    0.4416
    0.149
```

习 题 七

通信交流在当今社会显得尤其重要，手机便是一个例子，现在每个人手里都有至少一部手机。但如今生产手机的厂家越来越多，品种五花八门，如何选购一款适合自己的手机这个问题困扰了许多人。

目标：选购一款合适的手机。

准则：选择手机的标准大体可以分成四个：实用性、功能性、外观、价格。

方案：由于手机厂家有几十家，我们不妨将其归类：①欧美(iphone)；②亚洲(索爱)；③国产(华为)。

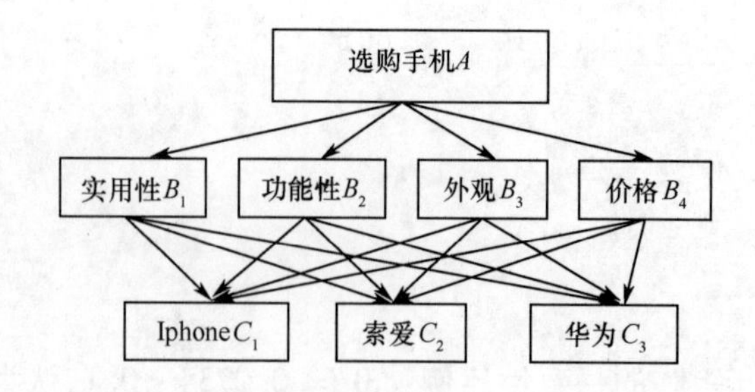

判断矩阵：

$$\begin{array}{c} A \\ B_1 \\ B_2 \\ B_3 \\ B_4 \end{array} \begin{array}{c} \begin{array}{cccc} B_1 & B_2 & B_3 & B_4 \end{array} \\ \begin{pmatrix} 1 & 3 & 5 & 1 \\ 1/3 & 1 & 3 & 1/3 \\ 1/5 & 1/3 & 1 & 1/5 \\ 1 & 3 & 5 & 1 \end{pmatrix} \end{array}$$

判断矩阵 $A—B$

$$\begin{array}{c} B_1 \\ C_1 \\ C_2 \\ C_3 \end{array} \begin{array}{c} \begin{array}{ccc} C_1 & C_2 & C_3 \end{array} \\ \begin{pmatrix} 1 & 1/3 & 1/5 \\ 3 & 1 & 1/3 \\ 5 & 3 & 1 \end{pmatrix} \end{array}$$

判断矩阵 $B_1—C$

$$\begin{array}{c} B_2 \\ C_1 \\ C_2 \\ C_3 \end{array} \begin{array}{c} \begin{array}{ccc} C_1 & C_2 & C_3 \end{array} \\ \begin{pmatrix} 1 & 3 & 3 \\ 1/3 & 1 & 1 \\ 1/3 & 1 & 1 \end{pmatrix} \end{array}$$

判断矩阵 $B_2—C$

$$\begin{array}{c} B_3 \\ C_1 \\ C_2 \\ C_3 \end{array} \begin{array}{c} \begin{array}{ccc} C_1 & C_2 & C_3 \end{array} \\ \begin{pmatrix} 1 & 3 & 6 \\ 1/3 & 1 & 4 \\ 1/6 & 1/4 & 1 \end{pmatrix} \end{array}$$

判断矩阵 $B_3—C$

$$\begin{array}{c} B_4 \\ C_1 \\ C_2 \\ C_3 \end{array} \begin{array}{c} \begin{array}{ccc} C_1 & C_2 & C_3 \end{array} \\ \begin{pmatrix} 1 & 1/4 & 1/6 \\ 4 & 1 & 1/3 \\ 6 & 3 & 1 \end{pmatrix} \end{array}$$

判断矩阵 $B_4—C$

用层次分析法确定你对手机的选择(用百分比表示)。

第八章

图论

8.1 图论的基本概念

图论的历史起源:柯尼斯堡七桥问题是图论中的著名问题。这个问题是基于一个现实生活中的事例:位于当时东普鲁士柯尼斯堡(今日俄罗斯加里宁格勒)有一条河,河中心有两个小岛(图 8-1-1)。小岛与河的两岸有七座桥连接。在所有桥都只能走一遍的前提下,如何才能在这个地方把所有的小岛都走遍。不少数学家都尝试去解析这个问题,而这些解析,最后发展成为了数学中的图论。

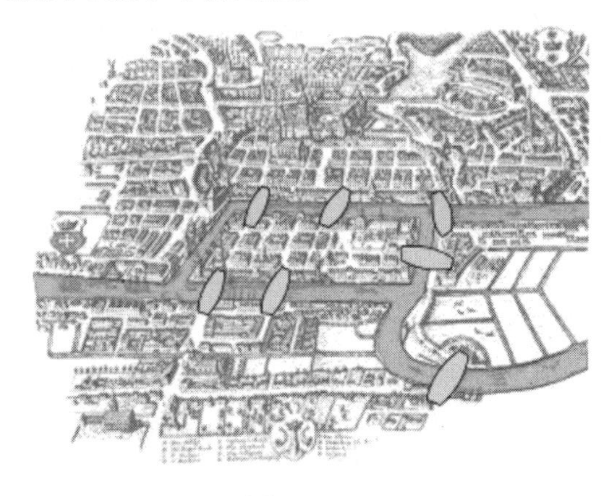

图 8-1-1

欧拉(Leonhard Euler)在 1736 年把问题简单化(图 8-1-2)圆满地解决了这一问题,证明这种方法并不存在。他在圣彼得堡科学院发表了图论史上第一篇重要文献。

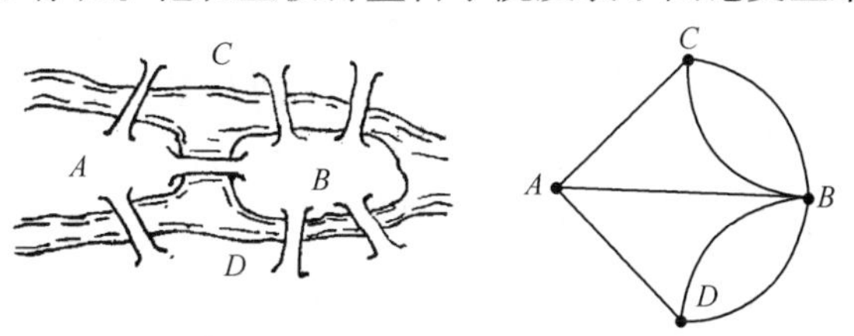

图 8-1-2

目前,图论已经发展成一门学科,在很多地方有应用,如下面例子。

例 8.1.1 最短路问题(SPP - shortest path problem)

一名货柜车司机奉命在最短的时间内将一车货物从甲地运往乙地。从甲地到乙地的公路网纵横交错，因此有多种行车路线，这名司机应选择哪条线路呢？假设货柜车的运行速度是恒定的，那么这一问题相当于需要找到一条从甲地到乙地的最短路。

例 8.1.2 公路连接问题

某一地区有若干个主要城市，现准备修建高速公路把这些城市连接起来，使得从其中任何一个城市都可以经高速公路直接或间接到达另一个城市。假定已经知道了任意两个城市之间修建高速公路的成本，那么应如何决定在哪些城市间修建高速公路，使得总成本最小？

例 8.1.3 指派问题(assignment problem)

一家公司经理准备安排 N 名员工去完成 N 项任务，每人一项。由于各员工的特点不同，不同的员工去完成同一项任务时所获得的回报是不同的。如何分配工作方案可以使总回报最大？

其他还有运输问题、计算机图形学、网络问题等。

一、图的概念

图论中所研究的图，是指反映或描述自然界或人类社会中，大量的事物及事物之间关系的图形，是由点和线组成的。点称为顶点，它的集合用 V 表示，顶点通常表示有形或无形的事物。线称为边，它的集合用 E 表示，边通常表示事物与事物(点与点)之间的联系或特定的关系(图 8-1-3)。至于图中点的相对位置如何，点与点之间连线的长短曲直，对于反映对象之间的关系，并不是重要的。

1. 图的定义

(1) 有序三元组 $G=(V,E,\Psi)$ 称为一个图(graph)。其中，$V=\{v_1,v_2,\cdots,v_n\}$ 是有限非空集，称为顶点集(vertex)，其中的元素叫图 G 的顶点。

(2) E 称为边集，其中的元素叫图 G 的边(edge)。

(3) Ψ 是从边集 E 到顶点集 V 中的有序或无序的元素偶对的集合的映射，称为关联函数(incident)。

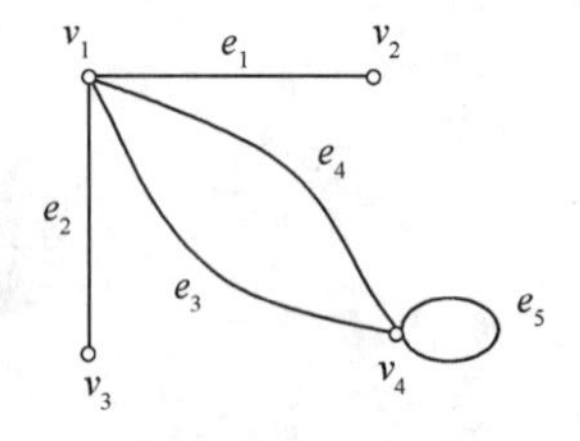

图 8-1-3

例 8.1.4 上面图 8-1-3 的图可表示为 $G=(V,E,\Psi)$，其中：
顶点 4 个：$V=\{v_1, v_2, v_3, v_4\}$
边 5 条：$E=\{e_1, e_2, e_3, e_4, e_5\}$
相应的关联函数：

$$\Psi(e_1)=\{v_1,v_2\},\Psi(e_2)=\{v_1,v_3\},\Psi(e_3)=\{v_1,v_4\},$$
$$\Psi(e_4)=\{v_1,v_4\},\Psi(e_5)=\{v_4,v_4\}$$

2. 有向图与无向图(图 8-1-4)

(1) 图的有向边(或弧)：在图 G 中，与 V 中的有序偶 (v_i, v_j) 对应的边 e；

(2) 图的无向边：与 V 中顶点的无序偶 $\{v_i, v_j\}$ 相对应的边 e；

(3) 无向图：每一条边都是无向边的图；

(4) 有向图：每一条边都是有向边的图；

(5) 混合图：既有无向边又有有向边的图。

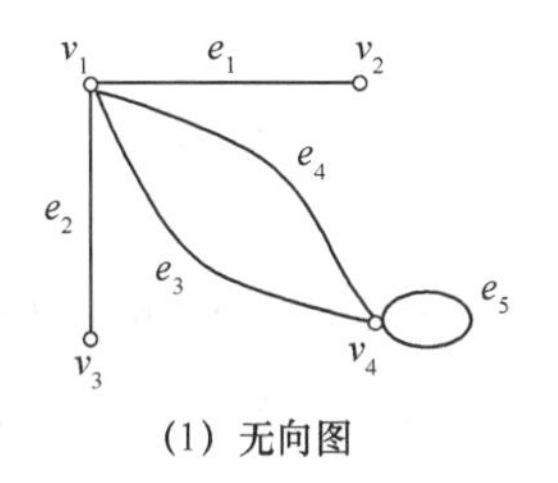

(1) 无向图

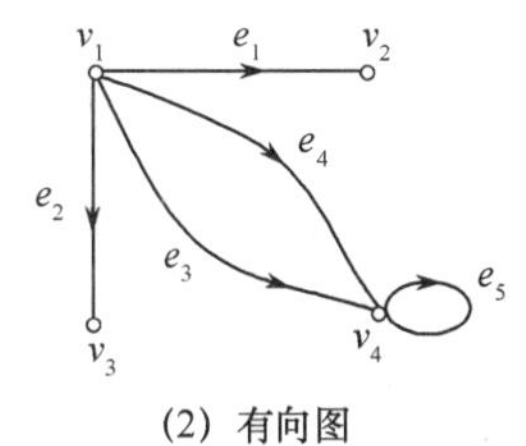

(2) 有向图

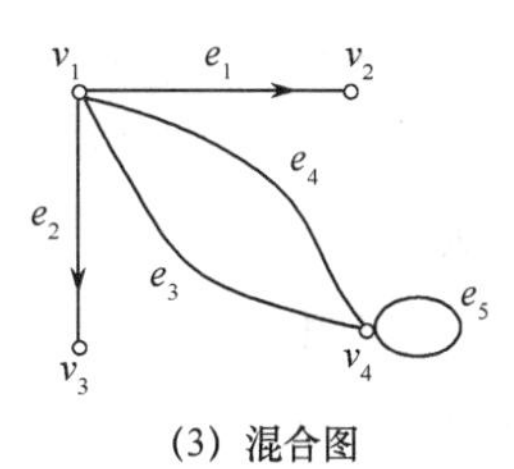

(3) 混合图

图 8－1－4

注:① 有向边与无向边的区别在图中用箭头区分。

② 有序偶用( ),无序偶用{ }区分。有序偶(v_i,v_j)对应的有向边的方向是从v_i到v_j。v_i称为有向边(v_i,v_j)的起点,v_j称为有向边(v_i,v_j)的终点。

(6) 赋权图:若将图 G 的每一条边 e 都对应一个实数 $w(e)$,称 $w(e)$ 为边的权,并记为(G, w)。

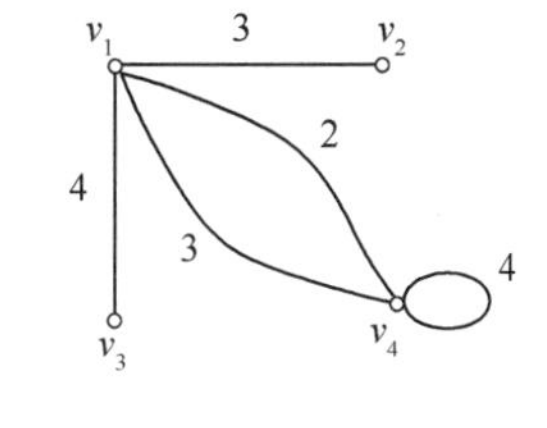

图 8－1－5

实例:用点代表城市,用边代表两城市有路相连,用相应的数字代表两城市的距离(图 8－1－5)(单位:100km)。

注:规定用记号 $\nu(G)$ 和 $\varepsilon(G)$(简记为 ν 和 ε)分别表示图的顶点数和边数。

3. 其他常用术语(图 8－1－6、图 8－1－7)

(1) 环:端点相同的边。

(2) 重边:与同一对顶点连接的两条以上的无向边,或方向相同的有向边。

(3) 有边连接的两个顶点称为相邻的顶点,有一个公共端点的边,称为相邻的边。

(4) 边和它的端点称为互相关联的。

(5) 简单图:既没有环也没有平行边的图。

(6) 完备图:任意两顶点都相邻的无向简单图,记为 K_n,其中 n 为顶点的数目。

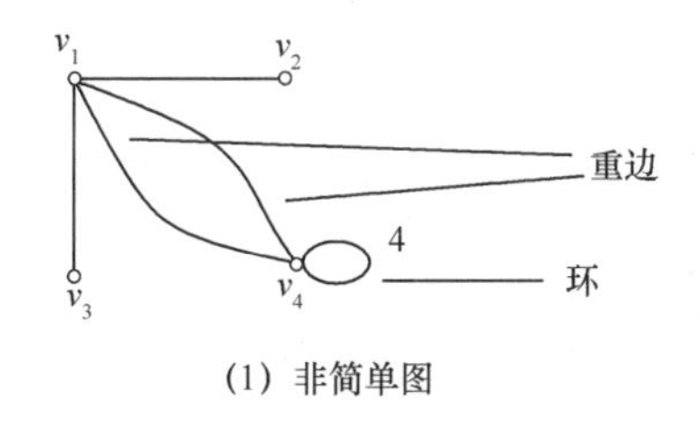

(1) 非简单图

v_1　v_2　v_3　v_4

(2) 简单图

图 8－1－6

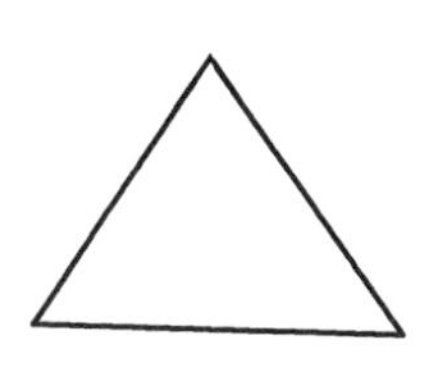
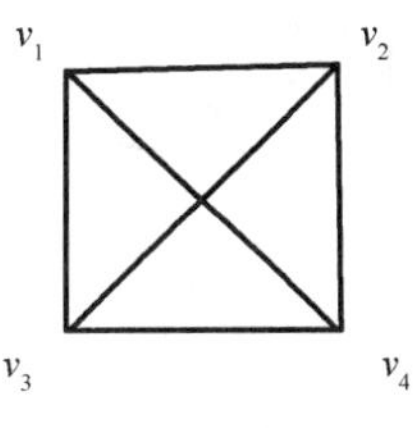

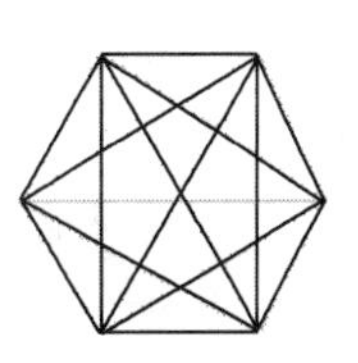

K_1 是个点 K_2 是条线　　K_3 是三角形　　K_4 是四边形　　K_6 是正六边形

图 8－1－7

4. 顶点的次数

(1) 在无向图中(图 8-1-8(1)),与顶点 v 关联的边的数目(环算两次)称为顶点 v 的次数,记为 $d(v)$。

(2) 在有向图中(图 8-1-8(2)),从顶点 v 引出的边的数目称为顶点 v 的出度,记为 $d+(v)$;从顶点 v 引入的边的数目称为 v 的入度,记为 $d^-(v)$,$d(v)=d^+(v)+d^-(v)$ 称为顶点 v 的次数。

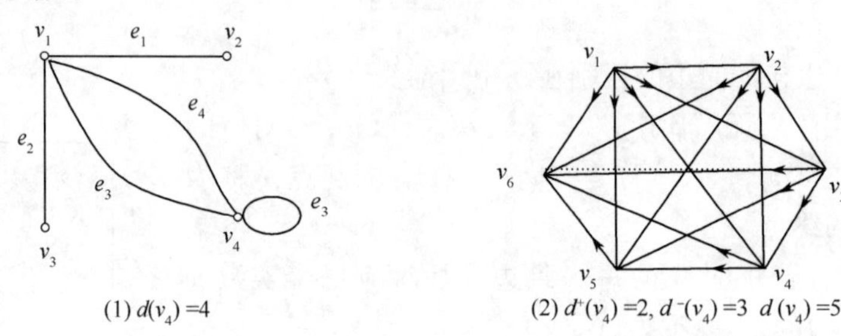

图 8-1-8

容易证明:对任何图 $G=(V,E,\Psi)$,有 $\sum\limits_{v\in V(G)} d(v) = 2\varepsilon(G)$,这个结论被称为握手引理。

有握手定理可知:任何图中奇数次顶点的总数必为偶数。例如,在一次聚会中,认识奇数个人的人数一定是偶数。

二、子图

设图 $G=(V,E,\Psi)$,$G_1=(V_1,E_1,\ \Psi_1)$(图 8-1-9)。

(1) 若 $V_1\subseteq V,E_1\subseteq E$,且当 $e\in E_1$ 时,$\Psi_1(e) = \Psi(e)$,则称 G_1 是 G 的子图。

特别地,若 $V_1=V$,则 G_1 称为 G 的生成子图。

(2) 设 $V_1\subseteq V$,且 $V_1\neq\Phi$,以 V_1 为顶点集、两个端点都在 V_1 中的图 G 的边为边集的图 G 的子图,称为 G 的由 V_1 导出的子图,记为 $G[V_1]$。

(3) 设 $E_1\subseteq E$,且 $E_1\neq\Phi$,以 E_1 为边集,E_1 的端点集为顶点集的图 G 的子图,称为 G 的由 E_1 导出的子图,记为 $G[E_1]$。

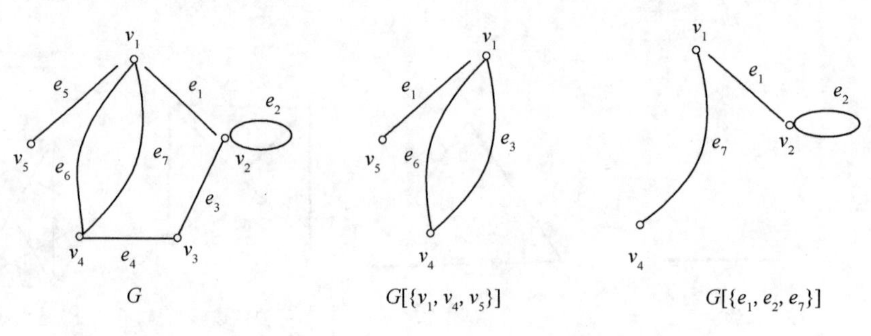

图 8-1-9

8.2　图的矩阵表示

一、关联矩阵

（1）对无向图 G，其关联矩阵为 $\boldsymbol{M}=(m_{ij})_{\nu\times\varepsilon}$，其中：

$$m_{ij}=\begin{cases}1 & \text{若 } v_i \text{ 与 } e_j \text{ 相关联}\\ 0 & \text{若 } v_i \text{ 与 } e_j \text{ 不关联}\end{cases}$$

如图 8－2－1 中图的关联矩阵为

$$\begin{array}{c} \quad e_1 \ \ e_2 \ \ e_3 \ \ e_4 \ \ e_5 \\ \boldsymbol{M}=\begin{pmatrix}1 & 0 & 0 & 0 & 1\\ 1 & 1 & 0 & 1 & 0\\ 0 & 0 & 1 & 1 & 0\\ 0 & 1 & 1 & 0 & 1\end{pmatrix}\begin{array}{c}v_1\\ v_2\\ v_3\\ v_4\end{array}\end{array}$$

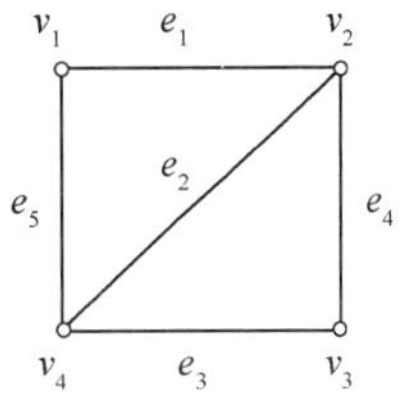

图 8－2－1

（2）对有向图 G，其关联矩阵为 $\boldsymbol{M}=(m_{ij})_{\nu\times\varepsilon}$，其中：

$$m_{ij}=\begin{cases}1 & \text{若 } v_i \text{ 是 } e_j \text{ 的起点}\\ -1 & \text{若 } v_i \text{ 是 } e_j \text{ 的终点}\\ 0 & \text{若 } v_i \text{ 与 } e_j \text{ 不关联}\end{cases}$$

如图 8－2－2 中有向图的关联矩阵为

$$\boldsymbol{A}=\begin{pmatrix}1 & 0 & 0 & -1 & -1 & 0 & 1\\ -1 & 1 & 0 & 0 & 0 & 0 & 0\\ 0 & -1 & 1 & 0 & 1 & -1 & 0\\ 0 & 0 & -1 & 1 & 0 & 1 & -1\end{pmatrix}$$

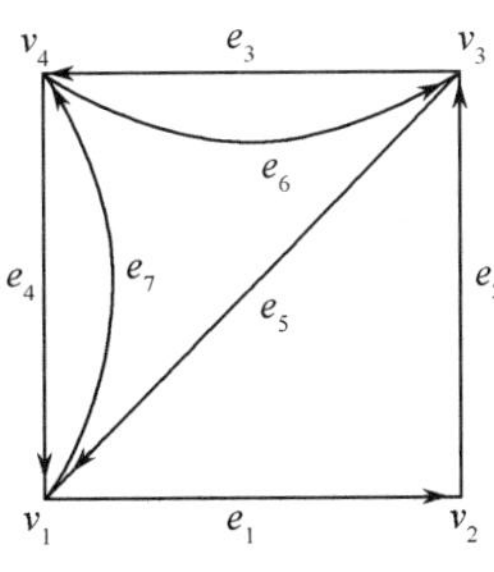

图 8－2－2

二、邻接矩阵

（1）对无向图 G，其邻接矩阵为 $\boldsymbol{A}=(a_{ij})_{\nu\times\nu}$，其中：

$$a_{ij}=\begin{cases}1 & \text{若 } v_i \text{ 与 } v_j \text{ 相邻}\\ 0 & \text{若 } v_i \text{ 与 } v_j \text{ 不相邻}\end{cases}$$

如图 8－2－1 中图的邻接矩阵为

$$A=\begin{pmatrix}0&1&0&1\\1&0&1&1\\0&1&0&1\\1&1&1&0\end{pmatrix}\begin{matrix}v_1\\v_2\\v_3\\v_4\end{matrix}$$

（列依次为 $v_1\ v_2\ v_3\ v_4$）

(2) 对有向图 $G=(V, E)$,其邻接矩阵为 $A=(a_{ij})_{\nu\times\nu}$,其中:

$$a_{ij}=\begin{cases}1 & 若(v_i,v_j)\in E\\0 & 若(v_i,v_j)\notin E\end{cases}$$

如图 8-2-3 中有向图的邻接矩阵为

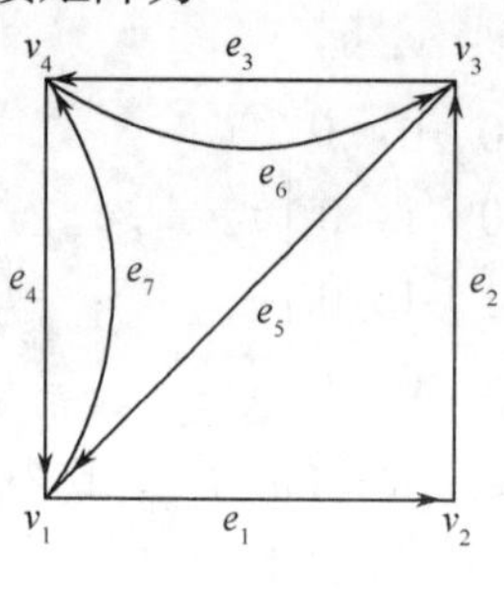

图 8-2-3

$$A=\begin{pmatrix}0&1&0&1\\0&0&1&0\\1&0&0&1\\1&0&1&0\end{pmatrix}$$对无向赋权图 G,其邻接矩阵 $A=(a_{ij})_{\nu\times\nu}$,其中:

$$a_{ij}=\begin{cases}w_{ij} & 若(v_i,v_j)\in E,且\ w_{ij}为其权\\0 & 若\ i=j\\\infty & 若(v_i,v_j)\notin E\end{cases}$$

有向赋权图的邻接矩阵可类似定义。

如图 8-2-4 的赋权图的邻接矩阵为

$$\begin{pmatrix}0&6&\infty&8\\\infty&0&7&\infty\\3&\infty&0&2\\4&\infty&5&0\end{pmatrix}\begin{matrix}v_1\\v_2\\v_3\\v_4\end{matrix}$$

（列依次为 $v_1\ v_2\ v_3\ v_4$）

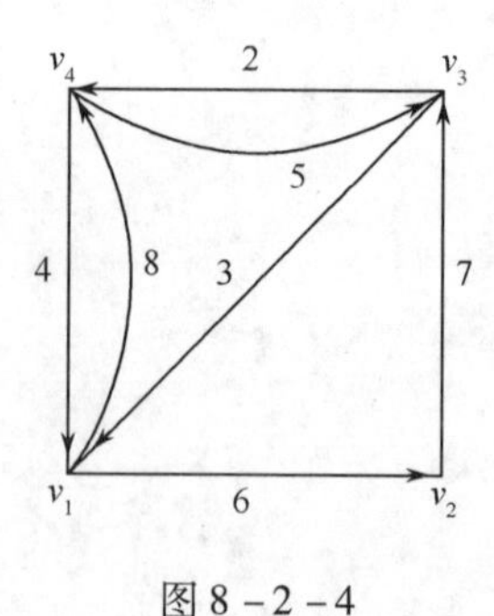

图 8-2-4

8.3 最短路问题及其算法

设 $G=(V, E)$是一个图, $v_0,v_1,\cdots,v_k\in V$, 且 $1\leqslant i\leqslant k$, $v_{i-1},v_i\in E$, 则称 $v_0,v_1,\cdots,v_k$ 是 G 的一条通路。如果通路中没有相同的顶点, 则称此通路为路径, 简称路。始点和终点相同的路称为圈或回路。如果存在 u 到 v 通路,顶点 u 与 v 称为连通的。任两个顶点都连通的图称为连通图,否则,称为非连通图。对于赋权图,路的长度(即路的权)通常指路上所有边的权之和。

最短路问题是指:求赋权图上指定点之间的长度最小的路。最短路问题是很多见的问题。如对给定连接若干城市的公路网,寻求从指定城市到各城市的最短路线的问题。

可以证明:

若 $v_0,v_1,\cdots,v_m$ 是 G 中从 v_0 到 v_m 的最短路,则对 $1\leqslant k\leqslant m$,$v_0,v_1,\cdots,v_k$ 必为 G 中从 v_0 到 v_k 的最短路,即最短路的任一段也是最短路。

一、最短路问题的 Dijkstra 算法(狄杰斯特算法)

此算法主要想法是运用这样的原理:如果路径$(v_s, v_1, \cdots, v_n)$是顶 v_s 到顶 v_n 的最短路,则路径$(v_s, v_1, \cdots, v_{n-1})$也是从顶 v_s 到顶 v_{n-1} 的最短路径。其具体做法是对图的顶进行标号,用两种标号:T 标号与 P 标号。给一个顶 v_i 以 P 标号,意思是从顶 v_s 到顶 v_i 的路径已有最短权值,顶的标号将不再改变。给顶 v_i 以 T 标号,意思是顶 v_s 到顶 v_i 的路径的权值已有一个上界,此标号还有可能变化直到获得一个 P 标号为止。整个算法便是逐步将每个顶标号直到所有顶获得 P 标号为止,此时最短权值也就自然计算出来了。

步骤:

第一步,给顶 v_s 以 P 标号,令 $P(v_s)=0$,其余顶均标以 T 号,并令 $T(v_i)=+\infty$。

第二步,若顶 v_i 刚得 P 标号,考虑顶 v_j,此时图中的棱(v_i, v_j)另一端 v_j 为 T 标号,对其进行如下更改

$$T(v_j)=\min[T(v_j), P(v_i)+l_{i,j}]$$

l_i 表示棱(v_i, v_j)的长度。

第三步,比较所有 T 标号的顶,将最小 T 值的顶改为 P 标号,即

$$P(\overline{v_i})=\min[T(v_i)]$$

如有两个以上最小 T 值的顶时,两者均改为 P 号。

第四步,全部顶均以 P 标号时,即停止;若不,即用 $\overline{v_i}$ 代 v_i 回到第二步。

例 8.3.1　求下面赋权图中(图 8-3-1),顶点 v_1 到顶点 v_8 的最短路。

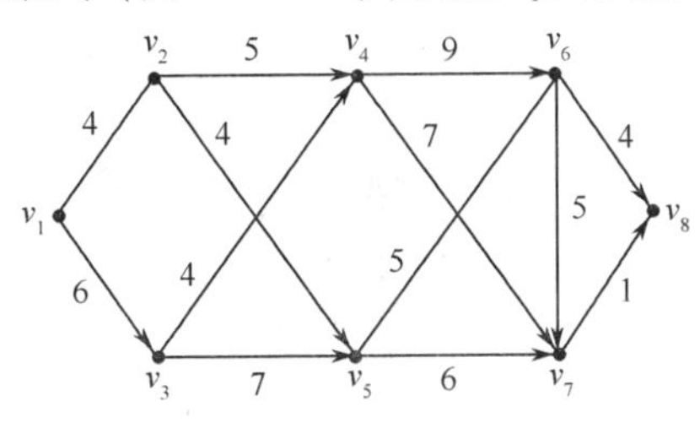

图 8-3-1

(1) 先给顶点 v_1 以 P 标号,$P(v_1)=0$,其余顶给 T 标号 $T(v_i)=+\infty(i=2,\cdots,8)$。

(2) 图中有棱(v_1, v_2),(v_1, v_3),且 v_2、v_3 均为 T 标号,故应修改此两顶的标号如此:

$$T(v_2)=\min[T(v_2), P(v_1)+l_{12}]=\min[+\infty, 0+4]=4$$

$$T(v_3)=\min[T(v_3), P(v_1)+l_{13}]=\min[+\infty, 0+6]=6$$

(3) 比较所有 T 标号顶,其中 $T(v_2)$最小,故令 $P(v_2)=4$。

(4) 现在 v_2 为刚得 P 标号的顶,考察棱 (v_2, v_4), (v_2, v_5) 的顶 v_4、v_5,有

$$T(v_4)=\min[T(v_4), P(v_2)+l_{24}]=\min[+\infty, 4+5]=9$$

$$T(v_5)=\min[T(v_5), P(v_5)+l_{25}]=\min[+\infty, 4+4]=8$$

(5) 比较所有 T 标号顶,$T(v_3)$ 为最小, 故应令 $P(v_3)=6$。

(6) 现在 v_3 为刚得 P 标号的顶,故有

$$T(v_4)=\min[T(v_4), P(v_3)+l_{34}]=\min[9, 6+4]=9$$

$$T(v_5)=\min[T(v_5), P(v_3)+l_{35}]=\min[8, 8+7]=8$$

(7) T 标号顶中以 $T(v_5)$ 为最小, 故应得 $P(v_5)=8$。

(8) 考察 v_5, 故

$$T(v_6)=\min[T(v_6), P(v_5)+l_{56}]=\min[+\infty, 8+5]=13$$

$$T(v_7)=\min[T(v_7), P(v_5)+l_{57}]=\min[+\infty, 8+6]=14$$

(9) T 标号顶中以 $T(v_4)$ 为最小, 故应得 $P(v_4)=9$。

(10) 考察 v_4, 故

$$T(v_6)=\min[T(v_6), P(v_4)+l_{46}]=\min[13, 9+9]=13$$

$$T(v_7)=\min[T(v_7), P(v_4)+l_{47}]=\min[14, 9+7]=14$$

(11) T 标号顶中以 $T(v_6)$ 为最小, 故应得 $P(v_6)=13$。

(12) 考察 v_6, 故

$$T(v_7)=\min[T(v_7), P(v_6)+l_{67}]=\min[14, 13+5]=14$$

$$T(v_8)=\min[T(v_8), P(v_6)+l_{68}]=\min[+\infty, 13+4]=17$$

(13) T 标号顶中以 $T(v_7)$ 为最小, 故应得 $P(v_7)=14$。

(14) 考察 v_7, 故

$$T(v_8)=\min[T(v_8), P(v_7)+l_{78}]=\min[17, 14+1]=15$$

(15) T 标号顶中仅剩 $T(v_8)$ 为最小, 故应得 $P(v_8)=15$, 计算结束。

现在的解答是 $P(v_8)=15$ 表示 v_1 至 v_8 的最短路长度是 15。要找出这条最短路径,从 $P(v_7)=14$ 可知前一顶应是 v_7,同理可知再前一个顶是 v_5,等等。因此,最后得出最短路径 $v_1 \to v_2 \to v_5 \to v_7 \to v_8$, 其长为 $P(v_8)=15$。同法可得 v_1 到其余各项的最短路。

Dijkstra 算法的可以用 Matlab 来实现,其步骤是:①编写 M - 文件 Dijkf(a). m(见本章后面的附录);②编写调用 Dijkf(a). m 计算的主程序。

例 8.3.2 求图 8-3-2 中 v_0 到各个顶点的最短距离。

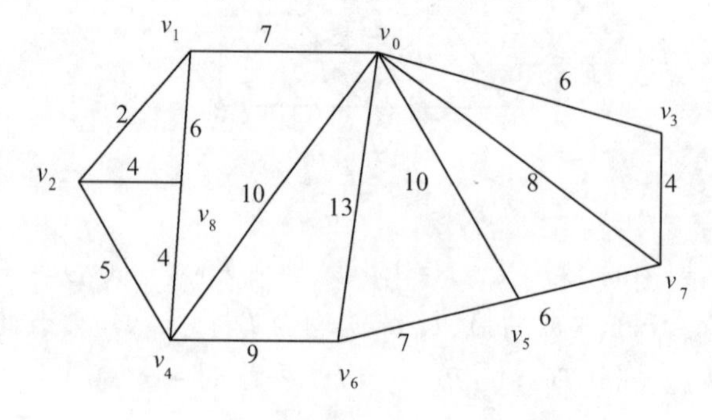

图 8-3-2

解:用 Matlab 求解。

输入:

```
clear
M=100000;
a(1,:)=[0,7,M,6,10,10,13,8,M];
a(2,:)=[zeros(1,2),2,M,M,M,M,M,6];
a(3,:)=[zeros(1,3),M,5,M,M,M,4];
a(4,:)=[zeros(1,4),M,M,M,4,M];
a(5,:)=[zeros(1,5),M,9,M,4];
a(6,:)=[zeros(1,6),7,6,M];
a(7,:)=[zeros(1,7),M,M];
a(8,:)=[zeros(1,8),M];
a(9,:)=zeros(1,9);
a=a+a';
[d index1 index2]=Dijkf(a);
d:
```

输出:

```
d =
    0    7    9    6    10    10    13    8    13
index1 =
    1    4    2    8    3    5    6    7    9
index2 =
    1    1    2    1    1    1    1    1    2
```

由 d 可以求出 v_0 到其余各顶点的最短距离。

二、改进后的 Dijkstra 算法

此算法可求出任意两顶点间的最短距离,避免了很多的重复计算,并且提高了效率。利用改进后的 Dijkstra 算法的步骤是:①编写 M－文件 dij2(a). m(见本章后的附录)。②编写调用 dij2(a). m 计算的主程序。

例 8.3.3　用改进后的 Dijkstra 算法作例 8.3.2。

解:　输入:

```
n=9;
a=ones(n)+inf;
for i=1:n
    a(i,i)=0;
end
a(1,2)=7;
a(1,4)=6;
a(1,5)=10;
a(1,6)=10;
a(1,7)=13;
a(1,8)=8;
```

```
a(2,3)=2;
a(2,9)=6;
a(3,5)=5;
a(3,9)=4;
a(4,8)=4;
a(5,7)=9;
a(5,9)=4;
a(6,7)=7;
a(6,8)=6;
dij2(a)
```

输出:

```
ans =
     0     7     9     6    10    10    13     8    13
     7     0     2    13     7    17    16    15     6
     9     2     0    15     5    19    14    17     4
     6    13    15     0    16    16    19     4    19
    10     7     5    16     0    20     9    18     4
    10    17    19    16    20     0     7     6    23
    13    16    14    19     9     7     0    13    13
     8    15    17     4    18     6    13     0    21
    13     6     4    19     4    23    13    21     0
```

由此可知任意两顶点间的最短距离。

8.4 最小生成树问题及其算法

连通而无圈的图称为树，常用 T 表示树。树中最长路的边数称为树的高。其中,度为 1 的顶点称为树叶;其余的顶点称为分枝点。树的边称为树枝。

设 G 是有向图,如果在 G 中去掉各边的方向,得到的图是树,则称 G 是有向树,也简称树。若任意一个连通的图 $G=\langle V, E\rangle$ 的生成子图 $T=\langle V', E'\rangle$ ($V'=V$,E'为 E 的子集)为树，这棵树 T 称为图 G 的生成树。

设 T 是图 G 的一棵生成树，用 $F(T)$ 表示树 T 中所有边的权数之和，$F(T)$ 称为树 T 的权。一个连通图 G 的生成树一般不止一棵(如图 8-4-1，T_1 至 T_8 是图 G 的生成树)。一个赋权图所有生成树中权数最小的生成树称为该赋权图的最小生成树。

网络分析,计算机科学等许多领域都会涉及求一个连通图的最小生成树的问题。图论中的 Kruskal 算法便可以解决这个问题,其基本思想是在不形成圈的条件下,优先挑选权小的边形成生成树。

例 8.4.1 求图 8-4-2 的最小生成树。

解:取权最小的边(v_1,v_2)作为最小生成树中的一条边,在余下的边中再取权最小的边(v_3,v_6)作为最小生成树中的另一条边。同法(v_5,v_6)作为最小生成树中的第三条边，(v_1,v_6)作为最小生成树中的第四条边。在余下的边中再取权最小的边应是(v_2,v_3),但是(v_2,v_3)不能取,因为取了(v_2,v_3),便会与前面取的边形成圈。同样,(v_2,v_6)也不能取。

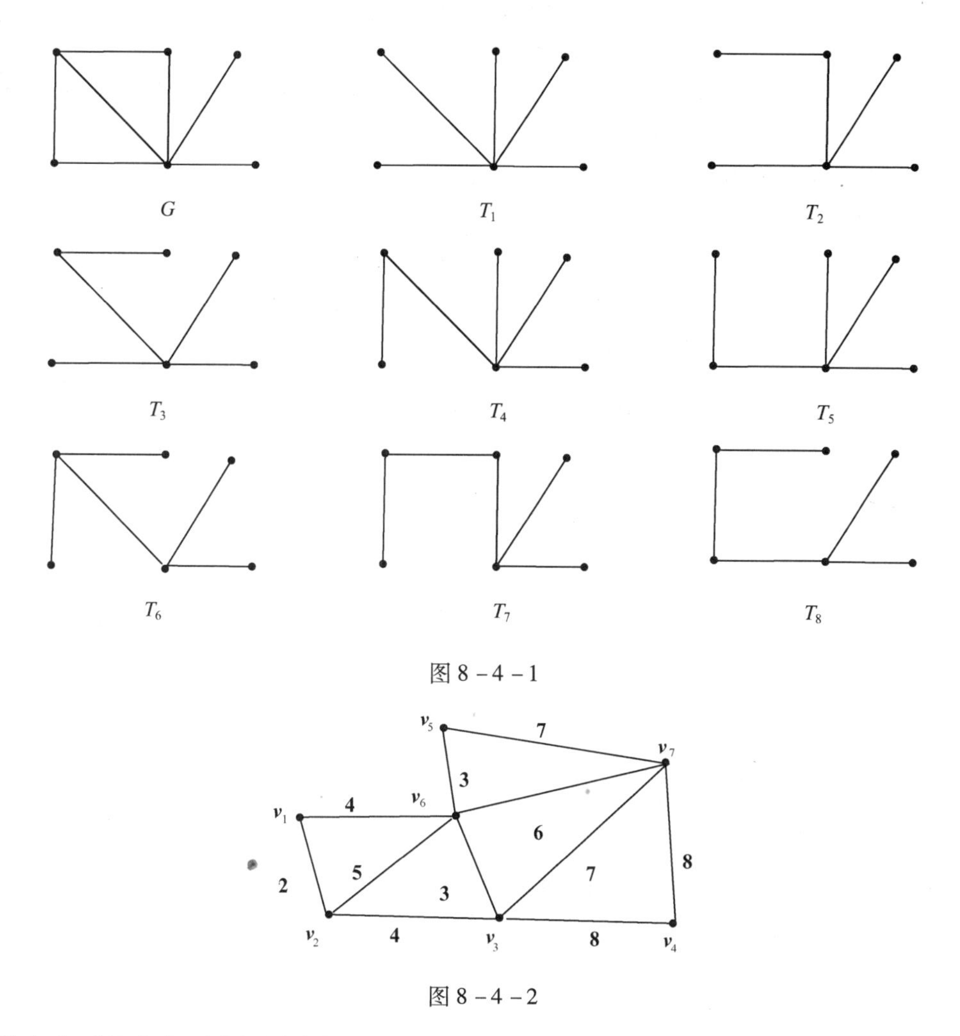

图 8 – 4 – 1

图 8 – 4 – 2

于是在余下的边中再取权最小的边不形成圈的边应是(v_6, v_7)。如此下去，再取(v_3, v_4)，便得到最小生成树(图 8 – 4 – 3)。最小生成树的权和为 26。

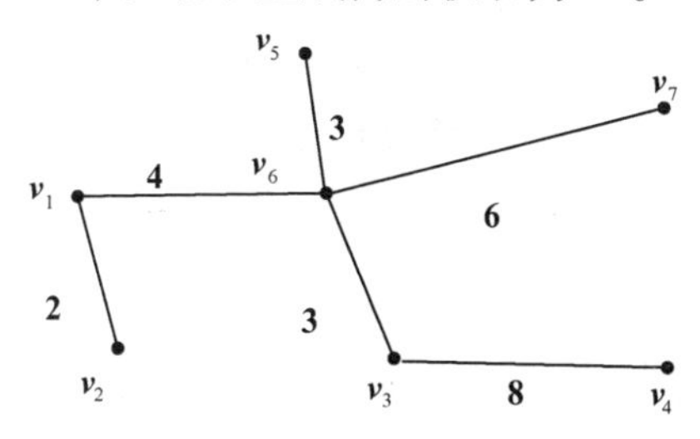

图 8 – 4 – 3

Kruskal 算法可以利用 Matlab 实现。步骤是:①编写 M – 文件 Krusf(d,flag). m(见本章后面的附录);②编写调用 Krusf(d,flag) 计算的主程序。

例 8. 4. 2 用 Matlab 作例 8. 4. 1。

解: 输入:

```
b=[1 1 2 2 3 3 3 4 5 5 6;2 6 3 6 4 6 7 7 6 7 7;2 4 4 5 8 3 7 8 3 7 6];
```

$\% b = \begin{bmatrix} 1 & 1 & 2 & 2 & 3 & 3 & 3 & 4 & 5 & 5 & 6 \\ 2 & 6 & 3 & 6 & 4 & 6 & 7 & 7 & 6 & 7 & 7 \\ 2 & 4 & 4 & 5 & 8 & 3 & 7 & 8 & 3 & 7 & 6 \end{bmatrix}$,每列的前两元素是一条边的两顶点的序号,第三个元素是该边的长度。

```
Krusf(b,1);
```

输出:

```
T =
    1    3    5    1    6    3
    2    6    6    6    7    4
     % T 每一列两元素是最小生成树一条边两顶点的序号

c =
   26          % 最小生成树的权和
```

附　　录

1. Dijkf(a). m 文件

```
function [d,index1,index2] = Dijkf(a)
M = max(max(a));
pb(1:length(a)) = 0;
pb(1) = 1;
index1 = 1;     % index1 到指定点距离从大到小的排序
index2 = ones(1,length(a)); % index2 每个点到指定点最短路径所含边的条数
d(1:length(a)) = M;
d(1) = 0;
temp = 1;
while sum(pb) < length(a)
    tb = find(pb = = 0);
    d(tb) = min(d(tb),d(temp) + a(temp,tb));
    tmpb = find(d(tb) = = min(d(tb)));
    temp = tb(tmpb(1));
    pb(temp) = 1;
    index1 = [index1,temp];
    index = index1(find(d(index1) = = d(temp) - a(temp,index1)));
    if length(index) > = 2
        index = index(1);
    end
    index2(temp) = index;
end
```

2. dij2(a). m 文件

```
function a = dij2(a)
```

```
n = length(a);
for i = 2:n
    for j = 1:(i - 1)
        a(i,j) = a(j,i);
    end
end
  for k = 1:(n - 1)
      b = [1:(k - 1),(k + 1):n];
      kk = length(b);
      a_id = k;
      b1 = [(k + 1):n];
      kk1 = length(b1);
while kk > 0
          for j = 1:kk1
              te = a(k,a_id) + a(a_id,b1(j));
              if te < a(k,b1(j))
                  a(k,b1(j)) = te;
              end
          end
          miid = 1;
          for j = 2:kk
              if a(k,b(j)) < a(k,b(miid))
                  miid = j;
              end
          end
          a_id = b(miid);
          b = [b(1:(miid - 1)),b((miid + 1):kk)];
          kk = length(b);
          if a_id > k;
              miid1 = find(b1 = = a_id);
              b1 = [b1(1:(miid1 - 1)),b1((miid1 + 1):kk1)];
              kk1 = length(b1);
          end
      end
      for j = (k + 1):n;
          a(j,k) = a(k,j);
      end
end
```

3. Krusf(d,flag). m 文件

```
function T = Krusf(b,flag)
n = max(max(b(1:2,:)));
```

```
m = size(b,2);
[B,i] = sortrows(b',3);
B = B';
  c = 0;
T = [];
k = 1;
t = 1:n;
for i = 1:m
    if t(B(1,i)) ~ = t(B(2,i))
        T(1:2,k) = B(1:2,i);
        c = c + B(3,i);
        k = k + 1;
        tmin = min(t(B(1,i)),t(B(2,i)));
        tmax = max(t(B(1,i)),t(B(2,i)));
        for j = 1:n
            if t(j) = = tmax
                t(j) = tmin;
            end
        end
    end
    if k = = n
        break;
    end
end
T
c
```

习题八

1. 设简单连通无向图 G 有 12 条边，G 中有 2 个 1 度节点，2 个 2 度节点，3 个 4 度节点，其余节点度数为 3，求 G 中有多少个节点。试作一个满足该条件的简单无向图。

2. 利用 Dijkstra 算法，求解下图中从顶点 1 到其余各点的最短路径。

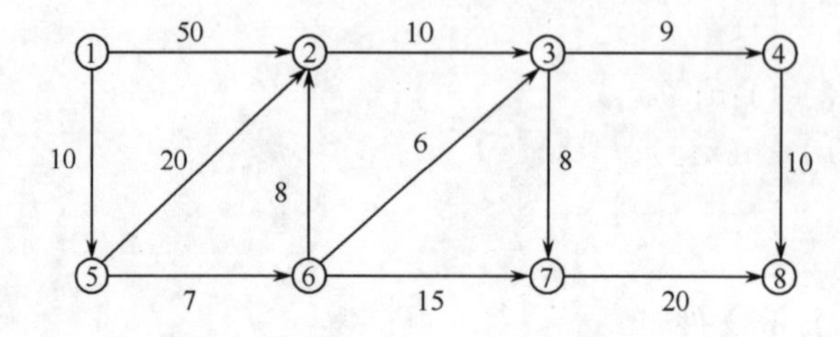

3. Kruskal 算法能否用来求：

(1) 赋权连通图中的最大权值的树？

（2）赋权图中的最小权的最大森林？如果可以，怎样实现？

4. 利用 Kruskal 算法求如图 G 的最小生成树。

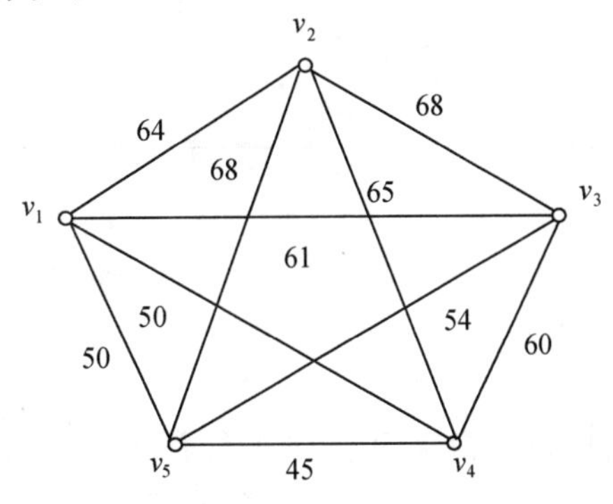

第九章

模糊数学

在生产实践、科学实验以及日常生活中,人们经常会遇到模糊概念(或现象)。例如,大与小、轻与重、快与慢、动与静、深与浅、美与丑等都包含着一定的模糊概念。随着科学技术的发展,各学科领域对于这些模糊概念有关的实际问题往往都需要给出定量的分析,这就需要利用模糊数学这一工具来解决。模糊数学是一个较新的现代应用数学学科,它是继经典数学、统计数学之后发展起来的一个新的数学学科。统计数学是将数学的应用范围从确定性领域扩大到了随机领域,即从必然现象到随机现象,而模糊数学则是把数学的应用范围从确定性的领域扩大到了模糊领域,即从精确现象到模糊现象。在各科学领域中,所涉及的各种量总是可以分为确定性和不确定性两大类。对于不确定性问题,又可分为随机不确定性和模糊不确定性两类。模糊数学就是研究属于不确定性,而又具有模糊性的量的变化规律的一种数学方法。本章对于实际中具有模糊性的问题,利用模糊数学的理论知识建立数学模型来解决。

9.1 模糊数学的基本概念

一、模糊集与隶属函数

1. 模糊集与隶属函数

一般来说,我们对通常集合的概念并不陌生,如果将所讨论的对象限制在一定的范围内,并记所讨论的对象的全体构成的集合为 U,则称之为论域(或称为全域、全集、空间、话题)。如果 U 是论域 ,则 U 的所有子集组成的集合称之为 U 的幂集,记作 $F(U)$。在此,总是假设问题的论域是非空的。为了与后面的模糊集相区别,在这里称通常的集合为经典集合或普通集合。

对于论域 U 的每一个元素 $x\in U$ 和某一个子集 $A\subset U$,有 $x\in A$ 或 $x\notin A$,二者有且仅有一个成立。于是,对于子集 A 定义映射

$$\mu_A: U\to\{0,\ 1\}$$

即

$$\mu_A(x)=\begin{cases}1 & x\in A\\ 0 & x\notin A\end{cases}$$

则称之为集合 A 的特征函数。集合 A 与其特征函数可以相互唯一确定,因此一个集合可以与它的特征函数等同看待。$\mu_A(x)$ 表明 x 对 A 的隶属程度,不过仅有两种状态:一个元

素 x 要么属于 A,要么不属于 A。它确切地、数量化地描述了"非此即彼"现象。

但现实世界中并非完全如此。例如,在生物学上曾把所有生物分为动物与植物两大类。牛、羊、鸡、犬划为动物,这是无疑的。而有一些生物,如猪笼草、捕绳草、茅膏菜等,一方面能捕食昆虫,分泌液体消化昆虫,像动物一样;另一方面又长有叶片,能进行光合作用,自制养料,像植物一样。类似这样的生物并不完全是"非动物即植物"。因此,不能简单地一刀切。可见在动物与植物之间存在"中介状态"。为了描述这种"中介状态",必须把元素对集合的绝对隶属关系(要么属于 A 要么不属于 A)扩展为各种不同程度的的隶属关系,这就需要将经典集合 A 的特征函数 $\mu_A(x)$ 的值域 $\{0,1\}$ 推广到闭区间 $[0,1]$ 上。这样一来,经典集合的特征函数就扩展为模糊集合的隶属函数了。

设 U 是一个论域,如果给定了一个映射

$$\mu_{\underset{\sim}{A}}: U \to [0,1] \qquad x \mapsto \mu_{\underset{\sim}{A}}(x) \in [0,1]$$

则确定了一个模糊集 $\underset{\sim}{A}$,其映射 $\mu_{\underset{\sim}{A}}$ 称为模糊集 $\underset{\sim}{A}$ 的隶属函数,$\mu_{\underset{\sim}{A}}(x)$ 称为 x 对模糊集 $\underset{\sim}{A}$ 的隶属度。

这样,论域 U 上的模糊集 $\underset{\sim}{A}$ 由隶属函数 $\mu_{\underset{\sim}{A}}$ 来表征,$\mu_{\underset{\sim}{A}}$ 的取值范围为闭区间 $[0,1]$,$\mu_{\underset{\sim}{A}}(x)$ 的大小反映了 x 对模糊集 $\underset{\sim}{A}$ 的从属程度,$\mu_{\underset{\sim}{A}}(x)$ 值接近于1,表示 x 从属 $\underset{\sim}{A}$ 的程度很高,$\mu_{\underset{\sim}{A}}(x)$ 值接近于0,表示 x 从属 $\underset{\sim}{A}$ 的程度很低,使 $\mu_{\underset{\sim}{A}}(x)=0.5$ 的点 x_0 称为模糊集 $\underset{\sim}{A}$ 的过渡点。

当 $\mu_{\underset{\sim}{A}}(x)$ 的值域为 $\{0,1\}$ 时,$\mu_{\underset{\sim}{A}}(x)$ 退化为普通集的特征函数,模糊集 $\underset{\sim}{A}$ 退化为普通集,所以模糊集是普通集概念的推广。

对于一个特定论域 U 可以有多个不同的模糊集,记 U 上的模糊集的全体为 $F(U)$,称为论域 U 上的模糊幂集,显然 $F(U)$ 是一个普通集,且 $U \in F(U)$。

2. 模糊集的表示法

当论域 $U=\{x_1, x_2, \cdots, x_n\}$ 为有限集时,若 $\underset{\sim}{A}$ 是 U 上的任一模糊集,其隶属度为 $\mu_{\underset{\sim}{A}}(x_i)$ $(i=1,2,\cdots,n)$,通常有如下三种表示方法:

(1) Zadeh 表示法:

$$\underset{\sim}{A} = \sum_{i=1}^{n} \frac{\mu_{\underset{\sim}{A}}(x_i)}{x_i} = \frac{\mu_{\underset{\sim}{A}}(x_1)}{x_1} + \frac{\mu_{\underset{\sim}{A}}(x_2)}{x_2} + \cdots + \frac{\mu_{\underset{\sim}{A}}(x_n)}{x_n}$$

在论域 U 中,$\mu_{\underset{\sim}{A}}(x_i)>0$ 的元素集称为模糊集合 $\underset{\sim}{A}$ 的支集。

(2) 序偶表示法:将论域中的元素 x_i 与其隶属度 $\mu_{\underset{\sim}{A}}(x_i)$ 构成序偶来表示 $\underset{\sim}{A}$

$$\underset{\sim}{A} = \{(x_1, \mu_{\underset{\sim}{A}}(x_1)), (x_2, \mu_{\underset{\sim}{A}}(x_2)), \cdots, (x_n, \mu_{\underset{\sim}{A}}(x_n))\}$$

此种表示方法隶属度为0的项可不写入。

(3) 向量表示法:

$$\underset{\sim}{A} = (\mu_{\underset{\sim}{A}}(x_1), \mu_{\underset{\sim}{A}}(x_2), \cdots, \mu_{\underset{\sim}{A}}(x_n))$$

在向量表示法中,隶属度为0的项不能省略。

当论域 U 为无限集时,则 U 上的模糊集 $\underset{\sim}{A}$ 可以表示为

$$\underset{\sim}{A}=\int_U \frac{\mu_{\underset{\sim}{A}}(x)}{x}$$

注:“$\int$”也不是表示积分的意思,“$\frac{\mu_{\underset{\sim}{A}}(x)}{x}$”也不是分数。

例 9.1.1 设论域 $X=\{x_1(140),x_2(150),x_3(160),x_4(170),x_5(180),x_6(190)\}$(单位:cm)表示人的身高,$X$ 上的一个模糊集“高个子” $\underset{\sim}{A}$ 的隶属函数 $\mu_{\underset{\sim}{A}}(x)$ 可定义为

$$\mu_{\underset{\sim}{A}}(x)=\frac{x-140}{190-140}$$

用 Zadeh 表示法:

$$\underset{\sim}{A}=\frac{0}{x_1}+\frac{0.2}{x_2}+\frac{0.4}{x_3}+\frac{0.6}{x_4}+\frac{0.8}{x_5}+\frac{1}{x_6}$$

用向量表示法:

$$\underset{\sim}{A}=(0,0.2,0.4,0.6,0.8,1)$$

例 9.1.2 设论域 $X=[0,1]$,模糊集 A 表示“年老”,B 表示“年轻”,Zadeh 给出 $\underset{\sim}{A}$、$\underset{\sim}{B}$ 的隶属度函数分别为

$$\underset{\sim}{A}(x)=\begin{cases}0 & 0\leqslant x\leqslant 50\\ \left[1+\left(\frac{x-50}{5}\right)^{-2}\right]^{-1} & 50<x\leqslant 100\end{cases}$$

$$\underset{\sim}{B}(x)=\begin{cases}1 & 0\leqslant x\leqslant 25\\ \left[1+\left(\frac{x-25}{5}\right)^{2}\right]^{-1} & 25<x\leqslant 100\end{cases}$$

$\underset{\sim}{A}(70)\approx 0.94$,即“70 岁”属于“年老”的程度为 0.94。又易知 $\underset{\sim}{A}(60)\approx 0.8$,$\underset{\sim}{B}(60)\approx 0.02$,可认为“60 岁”是“较老的”。

$$\underset{\sim}{A}=\text{“年老”}=\int_{50}^{100}\frac{\left[1+\left(\frac{x-50}{5}\right)^{-2}\right]^{-1}}{x}$$

$$\underset{\sim}{B}\text{“年轻”}=\int_0^{25}\frac{1}{x}+\int_{25}^{100}\frac{\left[1+\left(\frac{x-25}{5}\right)^{2}\right]^{-1}}{x}$$

3. 模糊集的关系和运算

普通集的关系和运算可以用特征函数来表示,将其推广就得到模糊集的关系和运算。设模糊集 $\underset{\sim}{A}$、$\underset{\sim}{B}\in F(U)$,其隶属函数为 $\mu_{\underset{\sim}{A}}(x)$、$\mu_{\underset{\sim}{B}}(x)$。

(1) 若对任意 $x\in U$,有 $\mu_{\underset{\sim}{A}}(x)\leqslant\mu_{\underset{\sim}{B}}(x)$,则称 $\underset{\sim}{A}$ 包含 $\underset{\sim}{B}$,记 $\underset{\sim}{B}\subseteq\underset{\sim}{A}$。

(2) 若 $\underset{\sim}{B}\subseteq\underset{\sim}{A}$ 且 $\underset{\sim}{A}\subseteq\underset{\sim}{B}$,则称 $\underset{\sim}{A}$ 与 $\underset{\sim}{B}$ 相等,记为 $\underset{\sim}{B}=\underset{\sim}{A}$。

(3) 如下定义的隶属函数

$$\mu_{\underset{\sim}{A}\cup\underset{\sim}{B}}(x)=\mu_{\underset{\sim}{A}}(x)\vee\mu_{\underset{\sim}{B}}(x)=\max(\mu_{\underset{\sim}{A}}(x),\mu_{\underset{\sim}{B}}(x))$$

$$\mu_{\underset{\sim}{A}\cap\underset{\sim}{B}}(x)=\mu_{\underset{\sim}{A}}(x)\wedge\mu_{\underset{\sim}{B}}(x)=\min(\mu_{\underset{\sim}{A}}(x),\mu_{\underset{\sim}{B}}(x))$$

$$\mu_{\underset{\sim}{A}^C}(x)=1-\mu_{\underset{\sim}{A}}(x)$$

确定的模糊集分别称为$\underset{\sim}{A}$与$\underset{\sim}{B}$的并集与交集和$\underset{\sim}{A}$的补集(余集),记为$\underset{\sim}{A}\cup\underset{\sim}{B}$、$\underset{\sim}{A}\cap\underset{\sim}{B}$和$\underset{\sim}{A}^C$。其中,"$\vee$"、"$\wedge$"分别表示取大运算与取小运算,称其为 Zadeh 算子。

并和交运算可以直接推广到任意有限的情况,如$\underset{\sim}{A}_i\,(i=1,2,\cdots,n)$是论域 U 的模糊子集,则$\bigcup\limits_{i=1}^{n}\underset{\sim}{A}_i$与$\bigcap\limits_{i=1}^{n}\underset{\sim}{A}_i$的隶属函数分别定义为

$$(\bigcup_{i=1}^{n}\underset{\sim}{A}_i)(x)=\bigvee_{i=1}^{n}\underset{\sim}{A}_i(x)\ ,\ (\bigcap_{i=1}^{n}\underset{\sim}{A}_i)(x)=\bigwedge_{i=1}^{n}\underset{\sim}{A}_i(x)$$

(4) 模糊集合与普通集合有相同的运算律。

例 9.1.3 已知

$$X=\{1,2,3,4,5,6,7,8\}$$

$$\underset{\sim}{A}=\frac{0.3}{1}+\frac{0.5}{2}+\frac{0.8}{3}+\frac{0.4}{4}+\frac{0.1}{5}$$

$$\underset{\sim}{B}=\frac{0.2}{3}+\frac{0.3}{4}+\frac{0.9}{5}+\frac{0.5}{6}$$

则有

$$\underset{\sim}{A}\cup\underset{\sim}{B}=\frac{0.3}{1}+\frac{0.5}{2}+\frac{0.8}{3}+\frac{0.4}{4}+\frac{0.9}{5}+\frac{0.5}{6}$$

$$\underset{\sim}{A}\cap\underset{\sim}{B}=\frac{0.2}{3}+\frac{0.3}{4}+\frac{0.1}{5}$$

$$\underset{\sim}{A}^C=\frac{0.7}{1}+\frac{0.5}{2}+\frac{0.2}{3}+\frac{0.6}{4}+\frac{0.9}{5}+\frac{1}{6}+\frac{1}{7}+\frac{1}{8}$$

二、隶属函数的常见类型

正确地确定隶属函数是运用模糊集合理论解决实际问题的基础。隶属函数是对模糊概念的定量描述。应用模糊数学方法建立数学模型的关键是建立符合实际的隶属函数。然而,如何确定一个模糊集的隶属函数至今还是尚未完全解决的问题。隶属函数的确定过程,本质上应该是客观的,但每个人对于同一个模糊概念的认识理解又有差异,因此,隶属函数的确定又带有主观性。一般是根据经验或统计进行确定,也可由专家给出。

若以实数域 **R** 为论域,称隶属函数为模糊分布。

常见的模糊分布大致上有以下三大类如表 9-1-1 所列。

表 9-1-1

	偏小型	中间型	偏大型
矩形分布	$\mu_{\underset{\sim}{A}}(x)=\begin{cases}1 & x\leqslant a\\0 & x>a\end{cases}$	$\mu_{\underset{\sim}{A}}(x)=\begin{cases}1 & a\leqslant x\leqslant b\\0 & x<a,x>b\end{cases}$	$\mu_{\underset{\sim}{A}}(x)=\begin{cases}1 & x\geqslant a\\0 & x<a\end{cases}$

（续）

	偏小型	中间型	偏大型
梯形分布	$\mu_{\underset{\sim}{A}}(x)=\begin{cases}1 & x<a\\ \dfrac{b-x}{b-a} & a\leqslant x\leqslant b\\ 0 & x>b\end{cases}$	$\mu_{\underset{\sim}{A}}(x)=\begin{cases}\dfrac{x-a}{b-a} & a\leqslant x\leqslant b\\ 1 & b\leqslant x<c\\ \dfrac{d-x}{d-c} & c\leqslant x<d\\ 0 & x<a,x\geqslant d\end{cases}$	$\mu_{\underset{\sim}{A}}(x)=\begin{cases}0 & x<a\\ \dfrac{x-a}{b-a} & a\leqslant x\leqslant b\\ 1 & x>b\end{cases}$
正态分布	$\mu_{\underset{\sim}{A}}(x)=\begin{cases}1 & x\leqslant a\\ \mathrm{e}^{-\left(\frac{x-a}{\sigma}\right)^2} & x>a\end{cases}$	$\mu_{\underset{\sim}{A}}(x)=\mathrm{e}^{-\left(\frac{x-a}{\sigma}\right)^2}$	$\mu_{\underset{\sim}{A}}(x)=\begin{cases}0 & x\leqslant a\\ 1-\mathrm{e}^{-\left(\frac{x-a}{\sigma}\right)^2} & x>a\end{cases}$
k次抛物型分布	$\mu_{\underset{\sim}{A}}(x)=\begin{cases}1 & x<a\\ \left(\dfrac{b-x}{b-a}\right)^k & a\leqslant x\leqslant b\\ 0 & x>b\end{cases}$	$\mu_{\underset{\sim}{A}}(x)=\begin{cases}\left(\dfrac{x-a}{b-a}\right)^k & a\leqslant x\leqslant b\\ 1 & b\leqslant x<c\\ \left(\dfrac{d-x}{d-c}\right)^k & c\leqslant x<d\\ 0 & x<a,x\geqslant d\end{cases}$	$\mu_{\underset{\sim}{A}}(x)=\begin{cases}0 & x<a\\ \left(\dfrac{x-a}{b-a}\right)^k & a\leqslant x\leqslant b\\ 1 & x>b\end{cases}$
Γ型分布	$\mu_{\underset{\sim}{A}}(x)=\begin{cases}1 & x<a\\ \mathrm{e}^{-k(x-a)} & x\geqslant a\end{cases}$ 其中 $k>0$	$\mu_{\underset{\sim}{A}}(x)=\begin{cases}\mathrm{e}^{k(x-a)} & x<a\\ 1 & a\leqslant x<b\\ \mathrm{e}^{-k(x-a)} & x\geqslant b\end{cases}$ 其中 $k>0$	$\mu_{\underset{\sim}{A}}(x)=\begin{cases}0 & x<a\\ 1-\mathrm{e}^{-k(x-a)} & x\geqslant a\end{cases}$ 其中 $k>0$
柯西型分布	$\mu_{\underset{\sim}{A}}(x)=\begin{cases}1 & x\leqslant a\\ \dfrac{1}{1+a(x-a)^{\beta}} & x>a\end{cases}$ 其中 $k>0,\ \beta>0$	$\mu_{\underset{\sim}{A}}(x)=\dfrac{1}{1+a(x-a)^{\beta}}$ 其中 $k>0,\ \beta>0$ 为偶数	$\mu_{\underset{\sim}{A}}(x)=\begin{cases}0 & x\leqslant a\\ \dfrac{1}{1+a(x-a)^{-\beta}} & x>a\end{cases}$ 其中 $k>0,\ \beta>0$

实际中，根据研究对象的描述来选择适当的模糊分布。偏小型模糊分布适合描述像“小”“冷”“青年”以及颜色的“淡”等偏向小的一方的模糊现象，偏大型模糊分布适合描述像“大”“热”“老年”以及颜色的“浓”等偏向大的一方的模糊现象，中间型模糊分布适合描述像“中”“暖和”“中年”等处于中间的模糊现象。但这些方法所给出的隶属函数都是近似的，应用时需要对实际问题进行分析，逐步地进行修改完善，最后得到近似程度更好的隶属函数。

9.2 模糊综合评判法

在我们的日常生活和工作中，无论是产品质量的评级，科技成果的鉴定，还是干部、学生的评优等，都属于评判的范畴。如果考虑的因素只有一个，评判就很简单，只要给对象一个评价分数，按分数的高低，就可将评判的对象排出优劣的次序。但是一个事物往往具有多种属性,评价事物必须同时考虑各种因素,这就是综合评判问题。所谓综合评判,就是对受到多种因素制约的事物或对象,做出一个总的评价。

综合评判最简单的方法有两种方式:

一种是总分法,设评判对象有 m 个因素,我们对每一个因素给出一个评分 s_i,计算出评判对象取得的分数总和

$$S = \sum_{i=1}^{m} s_i$$

按 S 的大小给评判对象排出名次。例如,体育比赛中五项全能的评判,就是采用这种方法。

另一种是采用加权的方法,根据不同因素的重要程度,赋以一定的权重,令 a_i表示对第 i 个因素的权重,并规定 $\sum_{i=1}^{m} a_i = 1$,于是用

$$S = \sum_{i=1}^{m} a_i s_i$$

按 S 的大小给评判对象排出名次。

以上两种方法所得结果都用一个总分值表示,在处理简单问题时容易做到,而多数情况下评判是难以用一个简单的数值表示的,这时就应该采用模糊综合评判。

由于在很多问题上,我们对事物的评价常常带有模糊性,因此,应用模糊数学的方法进行综合评判将会取得更好的实际效果。

模糊综合评判的数学模型可分为一级模型和多级模型两类,这里仅介绍一级模型。

应用一级模型进行综合评判,一般可归纳为以下几个步骤:

(1) 建立评判对象的因素集 $U = \{u_1, u_2, \cdots, u_n\}$。因素就是对象的各种属性或性能,在不同场合,也称为参数指标或质量指标,它们综合地反映出对象的质量,人们就是根据这些因素给对象评价。

(2) 建立评判集 $V = \{V_1, V_2, \cdots, V_m\}$。例如,对工业产品,评判集就是等级的集合。

(3) 建立单因素评判,即建立一个从 U 到 $F(V)$的模糊映射

$$\underset{\sim}{f}: U \to F(V), \forall u_i \in U$$

$$\underset{\sim}{u_i} \to \underset{\sim}{f}(u_i) = \frac{r_{i1}}{V_1} + \frac{r_{i2}}{V_2} + \cdots + \frac{r_{im}}{V_m} \qquad (0 \leqslant r_{ij} \leqslant 1, 1 \leqslant i \leqslant n,\ 1 \leqslant j \leqslant m)$$

由$\underset{\sim}{f}$可导出单因素评判矩阵

$$\underset{\sim}{\boldsymbol{R}} = \begin{pmatrix} r_{11} & r_{12} & \cdots & r_{1m} \\ r_{21} & r_{22} & \cdots & r_{2m} \\ \cdots & \cdots & \cdots & \cdots \\ r_{n1} & r_{n2} & \cdots & r_{nm} \end{pmatrix}$$

(4) 确定权重。由于对 U 中各因素有不同的侧重,需要对每个因素赋予不同的权重,它可表示为 U 上的一个模糊子集 $A = \{a_1, a_2, \cdots, a_n\}$,并且规定 $\sum_{i=1}^{n} a_i = 1$。

(5) 综合评判在$\underset{\sim}{\boldsymbol{R}}$与 $\underset{\sim}{A}$ 求出之后,则综合评判为 $\underset{\sim}{B} = \underset{\sim}{A} \circ \underset{\sim}{\boldsymbol{R}}$,记 $\underset{\sim}{B} = \{b_1, b_2, \cdots, b_m\}$,它是 V 上的模糊子集。其中

$$b_j = \bigvee_{i=1}^{n} (a_i \wedge r_{ij}) \ (j=1,2,\cdots,m)$$

如果评判结果 $\sum_{j=1}^{m} b_j \neq 1$,应将它归一化。

在模糊综合评判的上述步骤中,建立单因素评判矩阵 $\underset{\sim}{\boldsymbol{R}}$ 和确定权重分配 $\underset{\sim}{A}$ 是两项关键性的工作,没有统一的格式可以遵循,一般采用统计实验或专家评分等方法求出。

9.3 模糊综合评判的应用

例 9.3.1 对教师教学质量的综合评判。

设因素集 $$U = \{u_1, u_2, u_3, u_4, u_5\}$$

这里 u_1 为教材熟练,u_2 为逻辑性强,u_3 为启发性强,u_4 为语言生动,u_5 为板书整齐。

设评价集 $$V = \{V_1, V_2, V_3, V_4\}$$

这里 V_1 为很好,V_2 为较好,V_3 为一般,V_4 为不好。

通过调查统计得出对某教师讲课各因素的评语比例如表 9-3-1 所列。

表 9-3-1

	V_1	V_2	V_3	V_4
u_1	0.45	0.25	0.2	0.1
u_2	0.5	0.4	0.1	0
u_3	0.3	0.4	0.2	0.1
u_4	0.4	0.4	0.1	0.1
u_5	0.3	0.5	0.1	0.1

因而得出单因素评判矩阵:

$$\underset{\sim}{\boldsymbol{R}} = \begin{pmatrix} 0.45 & 0.25 & 0.2 & 0.1 \\ 0.5 & 0.4 & 0.1 & 0 \\ 0.3 & 0.4 & 0.2 & 0.1 \\ 0.4 & 0.4 & 0.1 & 0.1 \\ 0.3 & 0.5 & 0.1 & 0.1 \end{pmatrix}$$

假定确定权重分配为

$$\underset{\sim}{A} = (0.3, 0.2, 0.2, 0.2, 0.1)$$

得出综合评判如下:

$$\underset{\sim}{B} = \underset{\sim}{A} \circ \underset{\sim}{R} = (0.3, 0.25, 0.2, 0.1)$$

对结果进行归一化:

$$\underset{\sim}{B} = \left(\frac{0.3}{0.85}, \frac{0.25}{0.85}, \frac{0.2}{0.85}, \frac{0.1}{0.85}\right) = (0.35, 0.29, 0.24, 0.12)$$

评判结果表明,对该教师的课堂教学认为"很好"的占 35%,"较好"的占 29%,"一般"的占 24%,"不好"的占 12%,根据最大隶属原则,结论是"很好"。

例 9.3.2 评判某地区是否适宜种植橡胶。

给定三个对橡胶生长影响较大的气候因素作为因素集，即 $U=\{u_1,u_2,u_3\}$。这里 u_1 为年平均气温，u_2 为年极端最低气温，u_3 为年平均风速。再给定评价集 $V=\{V_1,V_2,V_3,V_4\}$，这里 V_1 为很适宜，V_2 为较适宜，V_3 为适宜，V_4 为不适宜。根据历年的资料和经验，选定类似戒上型的隶属函数，即对于年平均气温 u_1

$$\mu_1(u_1)=\begin{cases}1 & u_1\geqslant 23\\ \dfrac{1}{1+a_1(u_1-23)^2} & 0\leqslant u_1<23\end{cases}$$

其中，a_1 为参数，一般取 $a_1=0.0625$。

对于年极端最低温度 u_2

$$\mu_2(u_2)=\begin{cases}1 & u_2\geqslant 8\\ \dfrac{1}{1+a_2(8-u_2)^2} & -4\leqslant u_2<8\end{cases}$$

其中，a_2 为参数，一般取 $a_2=0.0833$。

对于年平均风速 u_3

$$\mu_3(u_3)=\begin{cases}1 & u_3\leqslant 1\\ \dfrac{1}{1+a_3(u_3-1)^2} & u_3>1\end{cases}$$

其中，a_3 为参数，一般取 $a_3=0.8/82$。

将某地区自 1960—1978 年间每年对三个气候因素实测的数据，分别代入上面三个隶属函数公式，求出当年该因素的隶属度列于表 9-3-2 中。

表 9-3-2

年　份	年平均气温/℃	年最低气温/℃	年平均风速/(m/s)
1960	0.89	0.67	0.55
1961	0.91	0.67	0.55
1962	0.85	0.75	0.50
1963	0.93	0.62	0.50
1964	0.89	0.68	0.55
1965	0.92	0.71	0.71
1966	0.94	0.69	0.66
1967	0.80	0.57	0.60
1968	0.88	0.65	0.71
1969	0.85	0.67	0.66
1970	0.85	0.72	0.83
1971	0.80	0.62	0.60
1972	0.91	0.64	0.60
1973	0.93	0.59	0.71
1974	0.85	0.58	0.71
1975	0.91	0.61	0.66
1976	0.81	0.71	0.66
1977	0.88	0.61	0.78
1978	0.92	0.70	0.83

对隶属度的大小给予分类,即规定

(1) 当$\mu \geqslant 0.9$时,为“很适宜”;

(2) 当$0.9 > \mu \geqslant 0.8$时,为“较适宜”;

(3) 当$0.8 > \mu \geqslant 0.7$时,为“适宜”;

(4) 当$\mu < 0.7$时,为“不适宜”。

以单因素u_1为例,该地区在19年中“很适宜”的年份有8年,占总数的42%,“较适宜”的年份有11年,占58%,其他两种均无,占0%,于是得到对u_1而言V上的模糊集

$$\underset{\sim}{u_1} = \frac{0.42}{V_1} + \frac{0.58}{V_2} + \frac{0}{V_3} + \frac{0}{V_4} = (0.42, 0.58, 0, 0)$$

同理可得相对其他两个因素的模糊集$\underset{\sim}{u_2} = (0, 0, 0.26, 0.74)$,$\underset{\sim}{u_3} = (0, 0.11, 0.26, 0.63)$。

从而建立了单因素评判矩阵

$$\underset{\sim}{\boldsymbol{R}} = \begin{pmatrix} 0.42 & 0.58 & 0 & 0 \\ 0 & 0 & 0.26 & 0.74 \\ 0 & 0.11 & 0.26 & 0.63 \end{pmatrix}$$

根据三个气候因素的作用,给定权重分配为

$$\underset{\sim}{A} = (0.19, 0.80, 0.01)$$

得出综合评判如下:

$$\underset{\sim}{B} = \underset{\sim}{A} \circ \underset{\sim}{R} = (0.19, 0.19, 0.26, 0.74)$$

对结果进行归一化:

$$\underset{\sim}{B} = (0.14, 0.14, 0.19, 0.53)$$

根据最大隶属原则,结论是判定该地区种植橡胶为“不适宜”。

例 9.3.3 污水处理厂运行管理效果的综合评判。

为了评价污水处理厂经营管理的优劣,给定5个评判因素$U = \{u_1, u_2, u_3, u_4, u_5\}$。这里$u_1$为每天处理污水量(千吨/日),$u_2$为五日生化需氧量BOD5去除率(百分比),$u_3$为浮物SS去除率(百分比),$u_4$为气水比(处理1t污水消耗的空气量)($m^3/t$),$u_5$为单耗(用去1kg BOD5所耗电的度数)。

给出评价集$V = \{V_1, V_2, V_3, V_4, V_5\}$。这里$V_1$为很好,$V_2$为好,$V_3$为中等,$V_4$为差,$V_5$为很差。

根据实际情况进行定级,以u_1为例,当$u_1 > 18$时,定为“很好”;$18 \geqslant u_1 > 17$时定为“好”等,对各因素定级的划分如表9-3-3所列。

表 9-3-3

	很好	好	中等	差	很差
每天处理污水量	18以上	17~18	16~17	15~16	15以下
五日生化需氧量BOD5去除率	93以上	89~93	85~89	80~85	80以下
浮物SS去除率	93以上	89~93	85~89	80~85	80以下
气水比	7以下	7~8	8~9	9~10	10以上
单耗	0.9以下	0.9~1.0	1.0~1.1	1.1~1.2	1.2以上

对某污水处理厂多年运行的大量实测数据经技术处理后，按每一旬得出各因素的平均值，如表 9－3－4 所列。

表 9－3－4

u_1	u_2	u_3	u_4	u_5	u_1	u_2	u_3	u_4	u_5
11.6	80.3	81.9	8.90	0.90	15.9	93.8	88.4	7.77	1.30
11.1	80.1	78.5	7.80	0.97	15.7	95.5	95.0	7.51	1.00
12.0	91.0	88.0	7.20	0.83	16.8	95.9	94.3	8.12	1.05
12.4	90.2	84.8	7.40	0.80	16.0	94.2	92.0	8.84	1.02
12.0	89.9	87.4	7.20	0.74	17.4	90.8	90.0	9.15	0.94
13.0	91.4	90.2	7.30	0.73	16.3	91.1	91.6	7.80	1.06
14.9	95.4	91.3	7.70	0.79	15.4	92.9	90.3	9.28	0.95
13.9	94.3	92.7	7.29	0.84	16.1	94.1	95.0	6.64	0.81
14.1	95.1	92.2	8.22	0.75	18.7	94.6	95.8	6.54	0.66
17.3	95.9	92.5	7.74	0.89	16.6	95.6	94.9	7.00	0.94
17.4	95.9	93.8	6.69	0.79	16.0	96.1	91.0	7.56	1.13
17.3	91.4	89.3	6.22	0.68	17.5	95.7	93.3	6.80	1.08
18.4	87.6	83.6	7.15	0.67	13.9	96.8	94.7	8.20	1.24
15.8	81.4	82.4	6.69	0.82	16.6	95.8	89.6	4.89	1.25
13.7	87.8	87.5	7.39	0.71	15.9	97.2	94.8	2.05	0.79
16.6	87.6	84.4	8.30	0.87	16.1	96.8	94.1	3.46	0.98
15.5	94.7	89.8	7.88	0.98	14.8	96.2	94.4	6.52	0.95
15.9	94.5	92.8	7.24	1.11	14.4	97.2	96.6	7.09	0.74

根据上表建立单因素评判矩阵$\underset{\sim}{\boldsymbol{R}}$，例如对因素 u_4 而言，总共 36 次统计中它属于 V_1 的次数为 10，占总数的 28%，因而 $r_{41}=0.28$，其余类似可求，于是得到

$$\underset{\sim}{\boldsymbol{R}}=\begin{pmatrix}0.06 & 0.14 & 0.25 & 0.19 & 0.36\\ 0.64 & 0.20 & 0.08 & 0.08 & 0\\ 0.44 & 0.28 & 0.11 & 0.14 & 0.03\\ 0.28 & 0.50 & 0.17 & 0.06 & 0\\ 0.50 & 0.20 & 0.14 & 0.06 & 0.10\end{pmatrix}$$

这是根据以往数据建立的评判矩阵，对今后每旬的运行效果的评价，还须求出权重分配 $\underset{\sim}{A}$，各个因素对 $\underset{\sim}{A}$ 的隶属度，用如下隶属函数公式计算：

（1）u_1对 $\underset{\sim}{A}$ 的隶属函数：

$$\mu_1(u_1)=\begin{cases}1 & u_1>18\\ 1-\dfrac{2}{9}(u_1-18)^2 & 16.5<u_1\leqslant 18\\ \dfrac{2}{9}(u_1-15)^2 & 15<u_1\leqslant 16.5\\ 0 & u_1\leqslant 15\end{cases}$$

（2）u_2对 $\underset{\sim}{A}$ 的隶属函数：

$$\mu_2(u_2)=\begin{cases}1 & u_2>93\\ 1-2\left(\frac{u_2-93}{13}\right)^2 & 86.5<u_2\leqslant 93\\ 2\left(\frac{u_2-80}{13}\right)^2 & 80<u_2\leqslant 86.5\\ 0 & u_2\leqslant 80\end{cases}$$

(3) u_3对$\underset{\sim}{A}$的隶属函数:

$$\mu_3(u_3)=\begin{cases}1 & u_3>93\\ 1-2\left(\frac{u_3-93}{13}\right)^2 & 86.5<u_3\leqslant 93\\ 2\left(\frac{u_3-80}{13}\right)^2 & 80<u_3\leqslant 86.5\\ 0 & u_3\leqslant 80\end{cases}$$

(4) u_4对$\underset{\sim}{A}$的隶属函数:

$$\mu_4(u_4)=\begin{cases}1 & u_4\leqslant 7\\ 1-2\left(\frac{u_4-7}{3}\right)^2 & 7<u_4\leqslant 8.5\\ 2\left(\frac{u_4-10}{3}\right)^2 & 8.5<u_4\leqslant 10\\ 0 & u_4>10\end{cases}$$

(5) u_5对$\underset{\sim}{A}$的隶属函数:

$$\mu_5(u_5)=\begin{cases}1 & u_5\leqslant 0.9\\ 1-2\left(\frac{u_5-0.9}{0.3}\right)^2 & 0.9<u_5\leqslant 1.05\\ 2\left(\frac{u_5-1.2}{0.3}\right)^2 & 1.05<u_5\leqslant 1.2\\ 0 & u_5>1.2\end{cases}$$

于是权重分配确定为$\underset{\sim}{A}=(\mu_1(u_1),\mu_2(u_2),\mu_3(u_3),\mu_4(u_4),\mu_5(u_5))$。

根据$\underset{\sim}{B}=\underset{\sim}{A}\circ\underset{\sim}{\boldsymbol{R}}$,即可得出当前运行效果的综合评判。

例如,该厂某月上旬的各项因素平均数据为$u_1=13.9$,$u_2=96.8\%$,$u_3=94.7\%$,$u_4=8.2$,$u_5=1.24$,将它们分别代入上面五个隶属函数公式,即可求出$\underset{\sim}{A}=(0, 1, 1, 0.68, 0)$。从而求出$\underset{\sim}{B}=\underset{\sim}{A}\circ\underset{\sim}{\boldsymbol{R}}=(0.64, 0.50, 0.17, 0.14, 0.03)$,归一化后得$\underset{\sim}{B}=(0.43, 0.34, 0.11, 0.09, 0.02)$。根据最大隶属原则,结论是运行管理效果“很好”。

若该月中旬得到的综合评判为$\underset{\sim}{B}=(0.33, 0.26, 0.13, 0.09, 0.12)$,虽然也评为“很好”,但与上旬相比,隶属于“很好”的程度低于上旬,因而可以认为上旬的经营管理比中旬好。

习 题 九

某地对区级医院2011—2012年医疗质量进行总体评价与比较,按分层抽样方法抽取两年内某病患者1250例,其中2011年600例,2012年650例。患者年龄构成与病情两年间差别没有统计学意义,观察三项指标分别为疗效、住院日、费用。规定很好、好、一般、差的标准见表1,病人医疗质量各等级频数分布见表2。

表1

指标	很好	好	一般	差
疗效	治愈	显效	好转	无效
住院日	≤15	16~20	21~25	>25
费用/元	≤1400	1400~1800	1800~2200	>2200

表2

指标		很好	质量好	等级一般	差
疗效	11年	160	380	20	40
	12年	170	410	10	60
住院日	11年	180	250	130	40
	12年	200	310	120	20
费用	11年	130	270	130	70
	12年	110	320	120	100

现综合考虑疗效、住院日、费用三项指标对该医院2011与2012两年的工作进行模糊综合评价。

第十章

灰色系统

10.1　灰色系统的基本概念和灰色生成

一般地,我们称信息完全明确的系统称为白色系统,信息未知的系统称为黑色系统,部分信息明确,部分不明确的系统称为灰色系统。人体是一个系统,人体的一些外部参数,如身高、体重、年龄……与一些内部参数,如血压、体温、脉搏是已知的,而其他的一些参数,如人体穴位的多少,穴位的生物、化学、物理的性能,生物信息的传递等尚未知道透彻,因此人体是灰色系统。事实上,系统是白还是灰,往往与观测的层次有关。如果我们用高层次代表系统的宏观层次、系统的整体层次、认识的概括层次,用低层次代表系统的微观层次、系统的部分层次、认识的深化层次,这样,同一个系统,同一个参数,在高层次上是白的,而到了低层次却可能是灰色的。所以说对事物的认识是由整体到局部,由粗到细,由宏观到微观,是从白到灰的过程。

在处理实际问题时,往往是灰比白更好些。从作预测,到定规划,做决策好比打靶。预期目标定得太具体,太死板,而完不成任务,倒不如定得灵活一些、灰色一些、笼统一些,而有可能达到和完成任务。灰色系统理论研究的是信息不完全现象,内涵不确定的概念,关系不明确的机制。由于社会,经济系统一般都是以灰元、灰数、灰色关系为特征的灰色系统,因此灰色系统理论正在农业、计划、经济、社会、科教、生物、地质、史学、军事、行政等各个方面得到日益广泛的应用。

将原始数据列中的数据,按某种要求作数据处理称为生成。客观世界尽管复杂,表述其行为的数据可能是杂乱无章的,然而它必然是有序的,都存在着某种内在规律,不过这些规律被纷繁复杂的现象所掩盖,人们很难直接从原始数据中找到某种内在的规律。对原始数据的生成就是企图从杂乱无章的现象中去发现内在规律。

累加生成是常用的灰色系统生成方式。累加生成,即通过数列间各时刻数据的依个累加以得到新的数据与数列。累加前的数列称原始数列,累加后的数列称为生成数列。累加生成是使灰色过程由灰变白的一种方法,它在灰色系统理论中占有极其重要地位,通过累加生成可以看出灰量积累过程的发展态势,使离乱的原始数据中蕴含的积分特性或规律加以显化。累加生成是对原始数据列中各时刻的数据依次累加,从而生成新的序列的一种手段。

令 $x^{(0)}$ 为原始序列,$x^{(0)}=[x^{(0)}(1),x^{(0)}(2),\cdots,x^{(0)}(n)]$,记 $x^{(1)}=[x^{(1)}(1),x^{(1)}(2),\cdots,x^{(1)}(n)]$,如果 $x^{(1)}$ 与 $x^{(0)}$ 之间满足如下关系:

$$x^{(1)}(k)=\sum_{i=1}^{k}x^{(0)}(i)(k=1,2,\cdots,n)$$

则称为一次累加生成,记为1—AGO(Acumulated Generating Operator)。

r 次累加生成有下述关系

$$x^{(r)}(k)=\sum_{i=1}^{k}x^{(r-1)}(i)$$

从上式又有 $r-1$ 到 r 次的累加为

$$x^{(r)}(k)=\sum_{i=1}^{k-1}x^{(r-1)}(i)+x^{(r-1)}(k)=x^{(r)}(k-1)+x^{(r-1)}(k)$$

$$x^{(r)}(k)=\sum_{i=1}^{k}x^{(r-1)}(i)=\sum_{i=1}^{k}\left(\sum_{j=1}^{i}x^{(r-2)}(j)\right)$$

累加生成在灰色系统理论中有着非常重要的地位,它能使任意非负数列,摆动的或非摆动的,转化为非减的,递增的数列。

10.2 灰色系统预测模型

1. 灰色预测模型 GM(1,1)

将一序列近似视为一个函数的函数值序列,由灰色系统理论可导出一个序列近似逼近这个函数,从而建立了函数序列的灰色预测模型,其步骤是:

(1) 设有变量 $X^{(0)}=\{X^{(0)}(i),i=1,2,\cdots,n\}$ 为某一预测对象的非负单调原始数据列,为建立灰色预测模型:首先对 $X^{(0)}$ 进行一次累加生成一次累加序列:

$$X^{(1)}=\{X^{(1)}(k),k=1,2,\cdots,n\}$$

其中

$$\begin{aligned}X^{(1)}(k)&=\sum_{i=1}^{k}X^{(0)}(i)\\&=X^{(1)}(k-1)+X^{(0)}(k)\end{aligned}$$

(2) 如将差分 $X^{(1)}(k)-X^{(1)}(k-1)$ 视为导数的近似,那么可对 $X^{(1)}$ 建立下述近似刻画的预测模型——白化形式的微分方程:

$$\frac{\mathrm{d}X^{(1)}}{\mathrm{d}t}+aX^{(1)}=u$$

它是由一个只含单变量的一阶微分方程构成的模型,因此称为GM(1,1)模型。

(3) 上述白化微分方程初始条件为 $X^{(0)}(1)$ 的解(离散响应)为

$$\hat{X}^{(1)}(k+1)=\left(X^{(0)}(1)-\frac{u}{a}\right)\mathrm{e}^{-ak}+\frac{u}{a}$$

或

$$\hat{X}^{(1)}(k)=\left(X^{(0)}(1)-\frac{u}{a}\right)\mathrm{e}^{-a(k-1)}+\frac{u}{a}$$

式中:k 为时间序列,可取年、季或月。

其中,参数序列为 $\hat{a}=[a,u]^{\mathrm{T}}$,$\hat{a}$ 可用下式求解:

$$\hat{a}=(\boldsymbol{B}^{\mathrm{T}}\boldsymbol{B})^{-1}\boldsymbol{B}^{\mathrm{T}}Y_n$$

式中:$\boldsymbol{B}$ 是数据阵;Y_n是数据列。

$$\boldsymbol{B}=\begin{bmatrix}-\frac{1}{2}(X^{(1)}(1)+X^{(1)}(2)) & 1\\ -\frac{1}{2}(X^{(1)}(2)+X^{(1)}(3)) & 1\\ \cdots & \\ -\frac{1}{2}(X^{(1)}(n-1)+X^{(1)}(n)) & 1\end{bmatrix}$$

$$Y_n=(X^{(0)}(2),X^{(0)}(3),\cdots,X^{(0)}(n))^{\mathrm{T}}$$

$\hat{X}^{(1)}(k)$可作为 $X^{(1)}(k)$的预测值。

(4) GM(1,1)模型得到的是一次累加量,$k\in\{n+1,n+2,\cdots\}$时刻的预测值,必须将 GM 模型所得数据 $\hat{X}^{(1)}(k+1)$(或 $\hat{X}^{(1)}(k)$)经过逆生成即累减生成(I—AGO)还原为 $\hat{X}^{(0)}(k+1)$(或 $\hat{X}^{(0)}(k)$),即

$$\begin{aligned}\hat{X}^{(1)}(k)&=\sum_{i=1}^{k}\hat{X}^{(0)}(i)\\&=\sum_{i=1}^{k-1}\hat{X}^{(0)}(i)+\hat{X}^{(0)}(k)\end{aligned}$$

$$\hat{X}^{(0)}(k)=\hat{X}^{(1)}(k)-\sum_{i=1}^{k-1}\hat{X}^{(0)}(i)$$

因为 $\hat{X}^{(1)}(k-1)=\sum_{i=1}^{k-1}\hat{X}^{(0)}(i)$,所以 $\hat{X}^{(0)}(k)=\hat{X}^{(1)}(k)-\hat{X}^{(1)}(k-1)$。

$\hat{X}^{(0)}(k)$就作为 $X^{(0)}(k)$的模拟预测值。

预测模型得到的预测值 $\hat{X}^{(0)}(k)$,必须经过统计检验,才能确定其预测精度等级,主要的检验准则为均方差比合格、小误差概率合格。

设 $X^{(0)}$ 为原始序列,$\hat{X}^{(0)}$ 为相应的模拟误差序列,$\varepsilon^{(0)}$ 为残差序列,其中

$$\varepsilon^{(0)}=(\varepsilon^{(0)}(1),\varepsilon^{(0)}(2),\cdots,\varepsilon^{(0)}(n))\ (\varepsilon^{(0)}(k)=\frac{X^0(k)-\hat{X}^0(k)}{X^0(k)},k=1,2,\cdots,n)$$

$\bar{X}=\frac{1}{n}\sum_{k=1}^{n}X^{(0)}(k)$ 为 $X^{(0)}$ 的均值,

$s_1^2=\frac{1}{n}\sum_{k=1}^{n}(X^{(0)}(k)-\bar{X})^2$ 为 $x^{(0)}$ 的方差,

$\bar{\varepsilon}=\frac{1}{n}\sum_{k=1}^{n}\varepsilon^{(0)}(k)$ 为残差均值,

$s_2^2=\frac{1}{n}\sum_{k=1}^{n}(\varepsilon^{(0)}(k)-\bar{\varepsilon})^2$ 为残差方差。

(1) 称 $c=\frac{s_2}{s_1}$为均方差比值;对于给定的 $c_0>0$,当 $c<c_0$时,称模型为均方差比合格模型。

(2) 称 $p=P(|\varepsilon^{(0)}(k)-\bar{\varepsilon}|<0.6745s_1)$为小误差概率,对于给定的 $p_0>0$,当 $p>p_0$ 时,称模型为小误差概率合格模型。

指标 p 越大越好，p 越大，表明残差与残差平均值之差小于给定值 $0.674S_1$ 的点较多，即拟合值（或预测值）分布比较均匀。按 c、p 两个指标，可综合评定预测模型的精度。模型的精度由后验差和小误差概率共同刻画。一般地，将模型的精度分为四级，如表 10－2－1 所列

表 10－2－1

模型精度等级	均方差比值 c	小误差概率 p
1 级（好）	$c \leqslant 0.35$	$0.95 \leqslant p$
2 级（合格）	$0.35 < c \leqslant 0.5$	$0.80 \leqslant p < 0.95$
3 级（勉强）	$0.5 < c \leqslant .65$	$0.70 \leqslant p < 0.80$
4 级（不合格）	$0.65 < c$	$P < 0.70$

2. 灰色预测模型 GM(1,1) 的 Matlab 程序

```
function gm1(x);                % 定义函数 gm1(x)
clc                             % 清屏，以使结果独立显示
format long;                    % 设置计算精度
if length(x(:,1)) = =1          % 对输入矩阵进行判断，如不是一维列矩阵，进行转置变换
    x = x';
end
n = length(x);                  % 取输入数据的样本量
z = 0;
for i = 1:n                     % 计算累加值，并将值赋予矩阵 be
    z = z + x(i,:);
    be(i,:) = z;
end
for i = 2:n                     % 对原始数列平行移位
    y(i-1,:) = x(i,:);
end
for i = 1:n-1                   % 计算数据矩阵 B 的第一列数据
    c(i,:) = -0.5*(be(i,:) + be(i+1,:));
end
for j = 1:n-1                   % 计算数据矩阵 B 的第二列数据
    e(j,:) = 1;
end
for i = 1:n-1                   % 构造数据矩阵 B
    B(i,1) = c(i,:);
    B(i,2) = e(i,:);
end
alpha = inv(B'*B)*B'*y;         % 计算参数 矩阵
for i = 1:n+1                   % 计算数据估计值的累加数列，如改为 n+1 为 n+m 可预测
                                  后 m 个值
    ago(i,:) = (x(1,:) - alpha(2,:)/alpha(1,:))*exp( - alpha(1,:)*(i-1)) +
alpha(2,:)/alpha(1,:);
```

```
end
var(1,:) =ago(1,:);
for i =1:n                          % 如改 n 为 n +m -1,可预测后 m 个值
    var(i +1,:) =ago(i +1,:) -ago(i,:);    % 估计值的累加数列的还原,并计算出下一
                                          预测值
end
for i =1:n
    error(i,:) =var(i,:) -x(i,:);          % 计算残差
end
c =std(error)/std(x);               % 调用统计工具箱的标准差函数计算后验差的比值 c
ago                                 % 显示输出预测值的累加数列
alpha                               % 显示输出参数数列
var                                 % 显示输出预测值
error                               % 显示输出误差
c                                   % 显示后验差的比值 c
```

10.3 灰色预测模型的应用

一、货币流通量的预测

例 10.3.1 货币流通量的预测问题已成为金融界亟待解决的问题,显然沿用过去的计划经济体制时期的货币流通速度是不合适的。但是,在新形势下影响货币流通速度的因素又不完全清楚,也就是说货币流通是一个灰色数,故拟采用灰色模型 GM(1,1),并引用全国统计年鉴中公布的货币流通量数据(表 10-3-1)。

表 10-3-1 货币流通量数据

年份	1991	1992	1993	1994	1995	1996
货币流通量/亿元	396.3	439.1	529.8	792.1	987.8	1218.3

用 Matlab 预测后五年的货币流通量,首先建立原始数据矩阵。然后运行 gmi(x)即可。

输入:

```
x =[396.3 439.1 529.8 792.1 987.8 1218.3];
gm1(x)
```

输出:

```
ago =
   1.0e +004*
   0.03963000000000
   0.08415020878555
   0.14158524179194
   0.21568154786126
   0.31127237954944
   0.43459306296231
```

```
    0.59368772391293
    0.79893400087566
    1.06371997141264
    1.40531744753126
    1.84600860444552
alpha =
    1.0e+002*
    -0.00254711232172
    2.89965419825600
var =
    1.0e+003*
    0.39630000000000
    0.44520208785553
    0.57435033006384
    0.74096306069320
    0.95590831688181
    1.23320683412876
    1.59094660950619
    2.05246276962729
    2.64785970536980
    3.41597476118615
    4.40691156914265
error =
    -0.00000000000006
    6.10208785553357
    44.55033006383746
   -51.13693930679767
   -31.89168311818708
    14.90683412876183
c =
    0.10340867656135
```

即 $\hat{a}=(a,u)^{\mathrm{T}}=(-0.254711232172,289.965419825600)^{\mathrm{T}}$，代入式 $\hat{X}^{(1)}(k+1)=\left(X^{(0)}(1)-\frac{u}{a}\right)\mathrm{e}^{-ak}+\frac{u}{a}$ 中得全国货币流通量预测模型为 $\hat{X}^{(1)}(k+1)=1534.708453184325\mathrm{e}^{0.254711232172k}-1138.408453184325$。后验差比值：$c=0.10340867656135$。预测模型综合评定为：好。预测结果如表10-3-2所列。

表10-3-2 预测结果

年份	1991	1992	1993	1994	1995	1996
货币流通量/亿元	396.3	439.1	529.8	792.1	987.8	1218.3
预测值/亿元			574.35	740.96	955.91	1233.21
年份	1997	1998	1999	2000	2001	
货币流通量/亿元						
预测值/亿元	1590.95	2052.46	2647.86	3415.97	4406.91	

综上分析,1992 年流通情况比较正常,属于货币发行量少,经济增长较快的年份。1993 年出现货币流通量陡增的趋势,1994 年出现货币发行量过多倾向。1995 年国家宏观调控,1996 年出现好转。1997—2001 年的预测值与实际投放货币流通量基本吻合。

二、技术进步的预测

例 10.3.2 下面以某公司 1992—2000 年的技术水平 A 值的事件序列(表 10-3-3),来预测技术进步系数。

表 10-3-3 某公司 1992—2000 年的技术水平 A 值

年份	1992	1993	1994	1995	1996	1997	1998	1999	2000
A 值	4.42	4.79	4.76	4.82	4.53	4.68	4.49	5.22	5.85

用 Matlab 预测后五年的技术水平 A 值。

输入:

```
x=[4.42,4.79,4.76,4.82,4.53,4.68,4.49,5.22,5.85];
gm1(x)
```

输出:

```
ago =
   4.41999999999999
   8.93117295658359
  13.54611174654735
  18.26720318775014
  23.09688899954688
  28.03766706563059
  33.09209272592270
  38.26278009817889
  43.55240342999471
  48.96369848190983
  54.49946394232671
  60.16256287497481
  65.95592419966954
  71.88254420713156
alpha =
  -0.02274140582208
   4.35955515455953
var =
   4.41999999999999
   4.51117295658361
   4.61493878996376
   4.72109144120279
   4.82968581179674
   4.94077806608371
   5.05442566029211
```

```
  5.17068737225620
  5.28962333181582
  5.41129505191512
  5.53576546041688
  5.66309893264810
  5.79336132469473
  5.92662000746202
error =
  -0.00000000000001
  -0.27882704341639
  -0.14506121003624
  -0.09890855879721
  0.29968581179674
  0.26077806608371
  0.56442566029211
  -0.04931262774380
  -0.56037666818418
c =
  0.75190451567067
```

即 $\hat{a}=(a,u)^{\mathrm{T}}=(-0.02274140582208,4.35955515455953)^{\mathrm{T}}$。

预测模型为 $\hat{X}^{(1)}(k+1)=196.1212162162274\mathrm{e}^{0.02274140582208k}-191.7012162162274$。预测结果如表 10－3－4 所列。

表 10－3－4

年份	1992	1993	1994	1995	1996	1997	1998
A 值	4.42	4.79	4.76	4.82	4.53	4.68	4.49
预测值			4.61	4.72	4.83	4.94	5.05
年份	1999	2000	2001	2002	2003	2004	2005
A 值	5.22	5.85					
预测值	5.17	5.29	5.41	5.54	5.66	5.79	5.93

以上预测结果表明：技术进步系数 A 值在近几年内，仍将以 2% 左右的增长率提高，2005 年的 A 值达到 5.93。

10.4 灰色预测模型的拓广及其应用

灰色系统理论经过近 20 年的发展，日臻完善，其应用也更加广泛有效。但是，GM(1,1)模型有时预测的精度不够高，影响预测值。针对这种情况，对原来的 GM(1,1)模型进行了拓广，模型的预测精度大有提高。

一、"L－Q"灰色预测模型

1. 用"对数函数—幂函数变换"改进的方法

用幂函数和对数函数变换处理原始数据都可以增加数据列的光滑度，从而提高预测精度。将两者变换进行复合变换，即先用对数变换处理原始数据得到$\{\ln[x^{(0)}(k)]\}$，然后再用幂函数变换处理数据列$\{\ln[x^{(0)}(k)]\}$，得到$\{\ln[x^{(0)}(k)]^{1/T}\}(T\geqslant 1)$；对$\{\ln[x^{(0)}(k)]^{1/T}\}$用GM方法预测最后通过$\exp\{\ln[x^{(0)}(k)]^{1/T}\}^{T}$还原，数据列的光滑度进一步增强，预测精度进一步提高。可以证明：

若$a(k)$为递增数据列，$a(1)\geqslant e(2.718)$，$T\geqslant 1$，则

$$\frac{[\ln a(k)]^{\frac{1}{T}}}{\sum_{s=1}^{k-1}[\ln a(s)]^{\frac{1}{T}}}<\frac{a(k)}{\sum_{s=1}^{k-1}a(s)}$$

2. 用"幂函数—对数函数变换"改进的方法

将幂函数和对数函数复合，得到一个新的变换：先将幂函数变换原始序列，于是得到$[x^{(0)}(k)]^{1/T}(T\geqslant 1)$，其次用对数函数变换序列$[x^{(0)}(k)]^{1/T}(T\geqslant 1)$，又可得到$[\ln[x^{(0)}(k)]^{1/T}]\ (T\geqslant 1)$，然后对$[\ln[x^{(0)}(k)]^{1/T}]$用GM方法预测，最后通过$\{\exp[\ln x^{(0)}(k)]^{1/T}\}^{T}$还原。下面定理说明这个新方法也能增加离散数据的光滑度，进一步提高预测精度。可以证明：

若$a(k)$为递增数据列，$a(1)\geqslant e(2.718)$，$T\geqslant 1$，则

$$\frac{\ln[[a(k)]^{\frac{1}{T}}]}{\sum_{s=1}^{k-1}\ln[[a(s)]^{\frac{1}{T}}]}<\frac{a(k)}{\sum_{s=1}^{k-1}a(s)}$$

通常把依上述两结论建立的模型称为"L-Q"灰色预测模型。

应用"对数函数—幂函数变换"方法对我国电视机产量进行预测（取$T=2$），预测结果如表10-4-1所列。这个预测结果的平均误差为2.60%。

表10-4-1

年份	1982	1983	1984	1985	1986	1987	1988	1989	1990	1991	1992
序号	1	2	3	4	5	6	7	8	9	10	11
产量(x)	3.23	6.94	10.07	17.70	18.13	28.05	48.77	132.14	247.92	517.40	553.74
$(\ln x)^{\frac{1}{T}}$	1.08	1.39	1.52	1.70	1.70	1.83	1.97	2.21	2.35	2.50	2.51
$(\ln\hat{x})^{\frac{1}{T}}$	1.08	1.43	1.53	1.63	1.75	1.87	2.00	2.14	2.29	2.44	2.61
$\hat{x}$	3.23	7.66	10.27	14.36	21.08	32.70	54.05	96.03	185.35	393.3	930.3
误差/%	0.00	-10.35	-1.97	18.86	-16.28	-16.59	-10.83	27.32	25.24	23.99	-67.95

预测模型：$[\ln\hat{x}(k+1)]^{\frac{1}{T}}=20.49846939972920e^{0.06728974468713k}-19.41565725663393$

用Matlab计算预测值。

输入：

```
x=[3.23 6.94 10.07 17.70 18.13 28.05 48.77 132.14 247.92 517.40 553.70];
x1=(log(x)).^0.5
gm1(x1)
```

输出：

```
ago =
   1.08281214309527
   2.50961519295689
```

```
   4.03573136241765
   5.66807337550449
   7.41403511879034
   9.28152513287942
  11.27900243507908
  13.41551483552104
  15.70073992028947
  18.14502888719396
  20.75945343274651
  23.55585590272287
alpha =
   -0.06728974468713
   1.30647461973172
var =
   1.08281214309527
   1.42680304986162
   1.52611616946076
   1.63234201308685
   1.74596174328585
   1.86749001408908
   1.99747730219966
   2.13651240044196
   2.28522508476843
   2.44428896690449
   2.61442454555255
   2.79640246997636
error =
   0.00000000000000
   0.03493316567031
   0.00639227785069
   -0.06281716515565
   0.04373730897445
   0.04156870363545
   0.02590042829341
   -0.07343374519185
   -0.06277536529105
   -0.05547427583510
   0.10113526179930
c =
   0.12109102625556
```

输入：

```
x2 =[1.08281214309527; 1.42680304986162; 1.52611616946076;
    1.63234201308685; 1.74596174328585;1.86749001408908;
```

```
    1.99747730219966;2.13651240044196;
    2.28522508476843;2.44428896690449;2.61442454555255];
exp(x2.^2)
```

输出预测值:

```
ans =
   1.0e+002*
    0.03230000000000
    0.07658123218512
    0.10267982541136
    0.14361348238510
    0.21081216042138
    0.32704705045049
    0.54050325853169
    0.96032361847751
    1.85351438035794
    3.93290511473997
    9.30028940413816
```

二、"L－Q"预测模型在管理中的应用

1."L－Q"灰色预测模型在科技论文管理中的应用

在科学管理工作中,有很多事情需要预测,需要为管理者和决策者提供可靠而又有价值的数据来进行科学的管理和决策。在科技管理中,近几年,随着对科技论文中质量要求的不断提高,我国科技论文进入美国《科学引文检索》(SCI),越来越被重视。因此,预测我国科技论文每年被《SCI》收录的数量,成为科技管理者的一项不可缺少而十分重要的工作。被《SCI》收录论文的数量是一个灰色量,利用"L－Q"灰色模型进行预测。

由表10－4－2所列出的数据建立灰色预测模型,并利用该模型对2000年我国被SCI收录的论文数进行预测。

表10－4－2　1993—1999年SCI收录我国论文情况

年份	1992	1993	1994	1995	1996	1997	1998	1999
排名	17	15	15	15	14	12	12	10
论文篇数	9227	9617	10411	13134	14459	16883	19838	24476
比上年增长/%		4.2	8.3	26.2	10.1	16.8	17.5	23.4
占SCI收录总量的比例/%	0.92	1.28	1.32	1.54	1.62	1.62	2.13	2.51

用Matlab计算预测值。

输入:

```
x=[9227,9617,10411,13134,14459,16883,19838,24476];
x1=(log(x)).^0.5
gm1(x1)
```

输出:

```
ago =
```

```
  3.02157065904117
  6.04538420051892
  9.09372381524184
 12.16678843355413
 15.26477859931896
 18.38789648300553
 21.53634589488252
 24.71033229831841
 27.91006282318961
alpha =
  -0.00807825691857
  2.98720739010876
var =
  3.02157065904117
  3.02381354147775
  3.04833961472292
  3.07306461831229
  3.09799016576483
  3.12311788368658
  3.14844941187698
  3.17398640343589
  3.19973052487120
error =
  -0.00000000000001
  -0.00459984587750
  0.00685671678074
  -0.00637681914856
  0.00298251843532
  0.00317197430334
  0.00276116138140
  -0.00492037792503
c =
  0.08356855709431
```

输入:

```
x2 =[3.02157065904117;  3.02381354147775;   3.04833961472292;
   3.07306461831229;  3.09799016576483;  3.12311788368658;
   3.14844941187698;  3.17398640343589;  3.19973052487120];
exp(x2.^2)
```

输出预测值:

```
ans =
  1.0e+004*
   0.92269999999994
   0.93529617200232
```

```
1.08549275363508
1.26286857019049
1.47285500165708
1.72206636271806
2.01857804855025
2.37227477910616
2.79528776903306
```

预测结果(表 10-4-3):

表 10-4-3

年份	1992	1993	1994	1995	1996	1997	1998	1999	2000
序号	1	2	3	4	5	6	7	8	9
论文篇数 x	9227	9617	10411	13134	14459	16883	19838	24476	
预测值 $\hat{x}$	9227	9353	10855	12629	14729	17221	20186	23723	27953
相对误差	0.0	0.2750	0.0426	0.0385	0.0186	0.020	0.0175	0.0308	

灰色预测模型:$\hat{x}(k+1)=9227.0027043e^{0.00807826k}+0.0027043 \quad (T=2)$

经计算,灰色预测模型的平均模拟相对误差为 2.44%,平均相对精度为 97.56%。因此,认为由此建立起来的灰色预测模型精度相当高。

2. "L-Q"灰色预测模型在留学生管理中的应用

在教育管理工作中,也有很多事情需要预测,需要为管理者和决策者提供可靠而又有价值的数据来进行科学的管理和决策。在留学管理中,近几年,随着我国现代化建设的飞速发展,学成回国人员怀着赤子之心,回国热潮不断涌现。为了做好学成回国留学人员的安排工作,对每年学成回国留学人员数量进行预测成为教育管理者的一项不可缺少而十分重要的工作。学成回国留学人员数量是一个灰色量,利用"L-Q"灰色模型进行预测。

由表 10-4-4 所列出的 1997—2003 年学成回国留学人员数据建立灰色预测模型,并利用该模型对学成回国留学人员数量进行预测。

表 10-4-4 1997—2003 年学成回国留学人员情况

年份	1997	1998	1999	2000	2001	2002	2003
归国人数	7130	7379	7748	9121	12243	17945	20100

用 Matlab 计算预测值。

输入:

```
x=[7130,7379,7748,9121,12243,17945,20100];
x1=(log(x)).^0.5
gm1(x1)
```

输出:

```
ago =
   2.97860143580982
   5.94488336398683
   8.94686052089671
  11.98496245079221
  15.05962386691567
```

```
  18.17128471370080
  21.32039022972322
  24.50739101140817
  27.73274307750529
  30.99690793433877
alpha =
  -0.01196183136327
  2.91294668722412
var =
  2.97860143580982
  2.96628192817701
  3.00197715690987
  3.03810192989550
  3.07466141612346
  3.11166084678513
  3.14910551602242
  3.18700078168496
  3.22535206609712
  3.26416485683347
error =
  -0.00000000000000
  -0.01807619494735
  0.00945480535978
  0.01844388200661
  0.00664746177548
  -0.01804629663608
  0.00133247877097
c =
  0.19473161996195
```

输入：

```
x2 =[2.97860143580982;  2.96628192817701;  3.00197715690987;
3.03810192989550;  3.07466141612346;  3.11166084678513;
3.14910551602242;  3.18700078168496;  3.22535206609712;
3.26416485683347];
exp(x2.^2)
```

输出：

```
ans =
  1.0e+004*
  0.71299999999999
  0.66264763905434
  0.81998148244127
  1.01991874714211
  1.27532679021698
```

```
1.60334625302905
2.02693576862439
2.57701978838001
3.29549234387081
4.23944277921265
```

预测结果(表10-4-5):

表10-4-5

年份	1997	1998	1999	2000	2001	2002	2003	2004	2005	2006
序号	1	2	3	4	5	6	7	8	9	10
归国人数	7130	7379	7748	9121	12243	17945	20100			
预测人数	7130	6626	8200	10199	12753	16033	20269	25772	32955	42394
相对误差	0.0	0.1020	0.0583	0.1182	0.0417	0.1065	0.0084			

灰色预测模型:$\hat{x}(k+1)=246.4987279750130e^{0.01196183136327k}+243.5201265392032(T=2)$

经计算,灰色预测模型的平均模拟误差为6.22%,平均相对精度为93.78%。因此,认为由此建立起来的灰色预测模型精度较高。根据这一预测结果得出:2004年、2005年、2006年海外回国人才人数分别为25772人,2955人,42394人。

GM(1,1)模型最主要的优点是不追求大样本,在一定程度上克服了回归模型的不足。

习题十

1. 根据河北省某高校2010—2015年教师实际人数,建立GM(1,1)模型,预测2016年教师人数。

年份	2010	2011	2012	2013	2014	2015
教师人数/人	594	614	634	655	676	718

2. 根据某地区2007—2014年的供电量,建立GM(1,1)模型,预测2015年的用电量。

某地区2007—2014年供电量统计表　　亿 kWh

年	2007	2008	2009	2010	2011	2012	2013	2014
序号	1	2	3	4	5	6	7	8
供电量	0.74	0.753	0.808	0.877	1.067	1.157	1.432	1.721

3. 已知2000—2007年女子100米赛最好成绩如表,预测2008年、2009年、2015年的最好成绩。

年份	2000	2001	2002	2003	2004	2005	2006	2007
时间/s	11.95	11.66	11.63	11.65	11.35	11.32	11.58	11.32

4. 根据下表所列出的数据建立"L－Q"灰色预测模型,并对2000年人口自然增长率进行预测。

年份	1994	1995	1996	1997	1998	1999
人口自然增长率/‰	11.21	10.55	10.42	10.06	9.53	8.77

5. 根据下表所列出的数据,建立博士后研究人员进站数量的"对数函数—幂函数变换"灰色预测模型,并利用该模型对博士后研究人员进站数量进行预测。

年份	1998	19999	2000	2001	2002	2003	2004
数量/人	1789	2267	2651	2959	3914	4612	—

6. 由下表所列出的数据,建立GDP总量的"对数函数—幂函数变换"灰色预测模型,并利用该模型对2004年GDP总量进行预测。

年份	1998	1999	2000	2001	2002	2003	2004
GDP/亿元	78345.2	82067.5	89468.1	97314.8	104790.6	116694	—

第十一章

神经网络

11.1 神经网络基本理论

人工神经网络(ANNS)常常简称为神经网络(NNS),是以计算机网络系统模拟生物神经网络的智能计算系统,是对人脑或自然神经网络的若干基本特性的抽象和模拟。网络上的每个节点相当于一个神经元,可以记忆(存储)、处理一定的信息,并与其他节点并行工作。求解一个问题是向人工神经网络的某些节点输入信息,各节点处理后向其他节点输出,其他节点接受并处理后再输出,直到整个神经网工作完毕,输出最后结果。如同生物的神经网络,并非所有神经元每次都一样地工作。如视、听、摸、想不同的事件(输入不同),各神经元参与工作的程度不同。当有声音时,处理声音的听觉神经元就要全力工作,视觉、触觉神经元基本不工作,主管思维的神经元部分参与工作;阅读时,听觉神经元基本不工作。在人工神经网络中以加权值控制节点参与工作的程度。正权值相当于神经元突触受到刺激而兴奋,负权值相当于受到抑制而使神经元麻痹直到完全不工作。

一、生物神经元模型

神经元是脑组织的基本单元,其结构如图 11 -1 -1 所示。神经元由三部分构成:细胞体、树突和轴突。每一部分虽具有各自的功能,但相互之间是互补的。

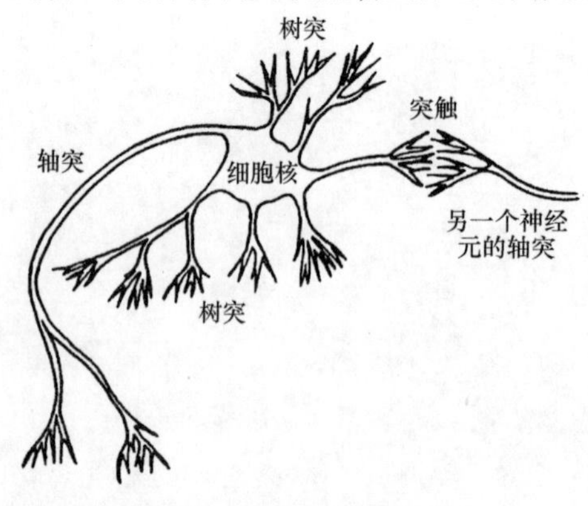

图 11 -1 -1 生物神经元结构

树突是细胞的输入端,通过细胞体间连接的节点“突触”接受四周细胞传出的神经冲动;轴突相当于细胞的输出端,其端部的众多神经末梢为信号的输出端子,用于传出神经冲动。

神经元具有兴奋和抑制的两种工作状态。当传入的神经冲动，使细胞膜电位升高到阈值（约为 40mV）时，细胞进入兴奋状态，产生神经冲动，由轴突输出；相反，若传入的神经冲动，使细胞膜电位下降到低于阈值时，细胞进入抑制状态，没有神经冲动输出。

二、人工神经元模型

人工神经元模型是以大脑神经细胞的活动规律为原理的，反映了大脑神经细胞的某些基本特征，但不是也不可能是人脑细胞的真实再现，从数学的角度而言，它是对人脑细胞的高度抽象和简化的结构模型。虽然人工神经网络有许多种类型，但其基本单元——人工神经元是基本相同的。如图 11－1－2 是一个典型的人工神经元模型。

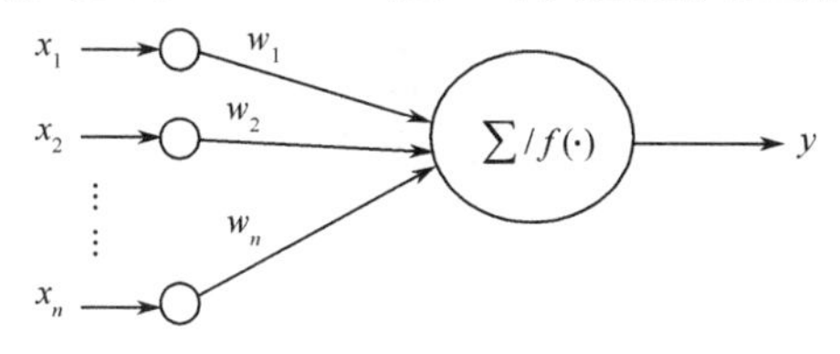

图 11－1－2　人工神经元模型

神经元模型相当于一个多输入单输出的非线性阈值元件，$x_1, x_2, \cdots, x_n$表示神经元的 n 个输入，$w_1, w_2, \cdots, w_n$表示输入信息之间的连接强度，称为连接权；$\sum w_i x_i$ 称为神经元的激活值；y 表示这个神经元的输出。每个神经元有一个阈值 b，如果神经元输入信号的加权和超过 b，神经元就处于兴奋状态。以数学表达式描述为

$$y = f\left(\sum_{i=-1}^{R} w_i x_i - b\right)$$

目前，较为流行的研究工作主要有感知器、线性神经网络、BP 神经网络和反馈神经网络模型等方面的理论。人工神经网络是在现代神经科学的基础上提出来的，它反映了人脑功能的基本特征，是自然神经网络的某种简化抽象和模拟。

11.2　感知器

感知器（Pereceptron）是一种特殊的神经网络模型，是由美国心理学家 F. Rosenblatt 于 1958 年提出的，一层为输入层，另一层具有计算单元。感知器特别适合于简单的模式分类问题，也可用于基于模式分类的学习控制和多模态控制中。

一、感知器神经元模型

感知器神经元通过对权值的训练，可以使感知器神经元的输出能代表对输入模式进行的分类，图 11－2－1 为感知器神经元模型。

单层感知器由一个线性组合器和一个二值阈值原件组成。输入向量的各个分量先与权值相乘，然后在线性组合器中进行迭代，得到的结果是一个标量。线性组合器的输入是二值阈值元件的输入，得到的线性组合结果经过一个二值阈值元件由隐含层传送到输出层，实际上这一步执行了一个符号函数。二值阈值元件通常是一个上升的函数，典型功能

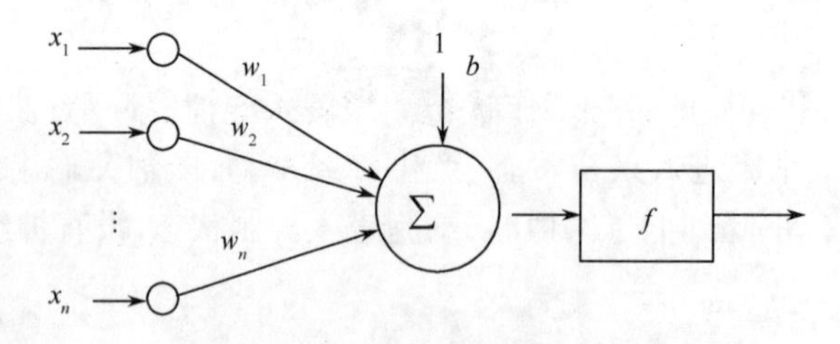

图 11-2-1　感知器神经元模型

是将非负的输入值映射为1,负的输入值映射为 -1 或0。

考虑一个两类模式分类问题:输入是一个 n 维向量 $\boldsymbol{x}=[x_1,x_2,\cdots,x_n]$,其中的每一个分量都对应一个权值 w_i,隐含层的输出叠加为一个标量值:

$$v = \sum w_i x_i$$

随后在二值阈值元件中对得到的 v 值进行判断,产生二值输出:

$$y=\begin{cases}1 & v\geqslant 0\\0 & v<0\end{cases}$$

单层感知器可将外部输入分为两类 l_1 和 l_2。当感知器的输出为 +1 时,输入属于 l_1 类;当感知器的输出为 -1 时,输入属于 l_2类,从而实现两类目标的识别。在 n 维空间,单层感知器进行模式识别的判决超平面由下式决定:

$$\sum_{i=1}^{n} w_i x_i + b = 0$$

当维数 $n=2$ 时,输入向量可表示为平面直角坐标系中的一个点。此时,分类超平面是一条直线。假设有三个点,分为两类,第一类包括点(3,0)和(4, -1),第二类包括点(0,2.5)。选择权值为 $w_1=2, w_2=-3, b=1$,平面上坐标点的分类情况如图 11-2-2 所示。

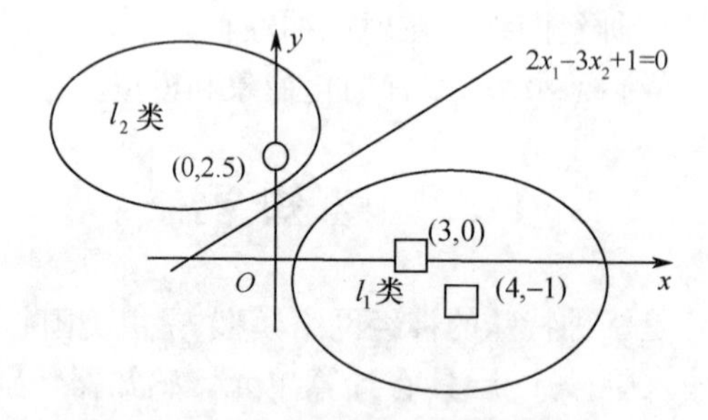

图 11-2-2　$n=2$ 的二分类

二维空间的决策面是一条直线,在直线上方的点属于 l_2类,直线下方的点属于 l_1类。

二、感知器神经网络的学习规则

在图 11-2-2 所示的例子中,所选择的权值能很好地将数据分开。在实际应用中,需要使用计算机自动根据训练数据学习获得正确的权值,通常是采用误差校正学习规则的学习算法。

可以将偏差作为神经元突触权值向量的第一个分量加到权值向量中,定义$(m+1)\times 1$

的输入向量和权值向量：

$$x(n)=[+1,x_1(n),x_2(n),\cdots,x_m(n)]^{\mathrm{T}}$$

$$w(n)=[b(n),w_1(n),w_2(n),\cdots,w_m(n)]^{\mathrm{T}}$$

因此，线性组合器的输出为

$$v(n)=\sum_{i=0}^{n}w_i x_i=w^{\mathrm{T}}(n)x(n)$$

令上式等于零，可得到在 n 维空间的单层感知器的分类超平面。

学习算法步骤如下：

第一步，设置变量和参量。

$f(\cdot)$ 为激活函数，$y(n)$ 为网络实际输出，$d(n)$ 为期望输出，η 为学习速率，n 为迭代次数，e 为实际输出与期望输出的误差。

第二步，初始化。

给权值向量 $w(0)$ 的各个分量赋一个较小的随机非零值，置 $n=0$。

第三步，输入一组样本 $x(n)=[+1,x_1(n),x_2(n),\cdots,x_m(n)]^{\mathrm{T}}$，并给出它的期望输出 $d(n)$。

第四步，计算实际输出：$y(n)=f\left(\sum_{i=0}^{m}w_i(n)x_i(n)\right)$。

第五步，求出期望输出和实际输出误差 $e=d(n)-y(n)$。

根据误差判断目前输出是否满足条件，一般为对所有样本误差为零或者均小于预设的值，则算法结束，否则将 n 的值增加 1，并用下式调整权值：

$$w(n+1)=w(n)+\eta[d(n)-y(n)]x(n)$$

然后转到第三步，进入下一轮计算过程。

三、重要的感知器神经网络函数的使用方法

对于感知器的初始化、训练、仿真，在 Matlab 神经网络工具箱中分别提供了 init( )、trainp( ) 和 sim( ) 函数。

1. 初始化函数 init( )

感知器初始化函数 init( ) 可得到 R 个输入，S 个神经元数的感知器层的权值和阈值，其调用格式为

[w,b] = init(R,S)

另外，也可以利用输入向量 $\boldsymbol{P}$ 和目标向量 $\boldsymbol{t}$ 来初始化。

[w,b] = init(p,t)

2. 创建感知器 newp( )

格式：net = newp(PR,S,TF,LF)

net 为生成的感知器神经网络；PR 为一个 R2 的矩阵，由 R 组输入向量中的最大值和最小值组成；S 表示神经元的个数；TF 表示感知器的激活函数，缺省值为硬限幅激活函数 hardlim；LF 表示网络的学习函数，缺省值为 learnp。

3. 仿真函数 sim( )

sim( ) 函数主要用于计算网络输出，它的调用比较简单。

a = sim(p,w,b)

四、感知器神经网络应用举例

为了便于消化与理解感知器神经网络的四个问题，下面将给出一个具体的问题进行分析，问题的描述如下：

两种蠓虫 Af 和 Apf 已由生物学家 W. L. Grogan 与 W. W. Wirth(1981 年)根据它们触角长度和翼长加以区分，见表 11-2-1 中 9 只 Af 蠓和 6 只 Apf 蠓的数据。根据给出的触角长度和翼长可识别出一只标本是 Af 还是 Apf。

表 11-2-1

Af	触角长	1.24	1.36	1.38	1.378	1.38	1.40	1.48	1.54	1.56
	翼　长	1.72	1.74	1.64	1.82	1.90	1.70	1.70	1.82	2.08
Apf	触角长	1.14	1.18	1.20	1.26	1.28	1.30			
	翼　长	1.78	1.96	1.86	2.00	2.00	1.96			

(1) 给定一只 Af 或者 Apf 族的蠓，你如何正确地区分它属于哪一族？

(2) 将你的方法用于触角长和翼长分别为(1.24,1.80),(1.28,1.84),(1.40,2.04)的三个标本。

输入向量为

p = [1.24 1.36 1.38 1.378 1.38 1.40 1.48 1.54 1.56 1.14 1.18 1.20 1.26 1.28 1.30;1.72 1.74 1.64 1.82 1.90 1.70 1.70 1.82 2.08 1.78 1.96 1.86 2.00 2.00 1.96]

目标向量为

t = [1 1 1 1 1 1 1 1 1 0 0 0 0 0 0]

图 11-2-3 显示，目标值 1 对应的用"+"、目标值 0 对应的用"o"来表示：

```
plotpv(p,t)        % 绘制样本点
pause
```

为解决该问题，利用函数 newp 构造输入量在[0,2.5]之间的感知器神经网络模型：

```
net = newp([0 2.5;0 2.5],1)
hold on
```

利用函数 adapt 调整网络的权值和阈值，直到误差为 0 时训练结束：

```
linehandle = plotpc ( net.IW {1}, net.b{1});
```

% net.IW{1}是神经网络第一层的权值，net.b{1}是神经网络第一层的偏置，plotpc 在存在的图上绘制出感知器的分类线函数。

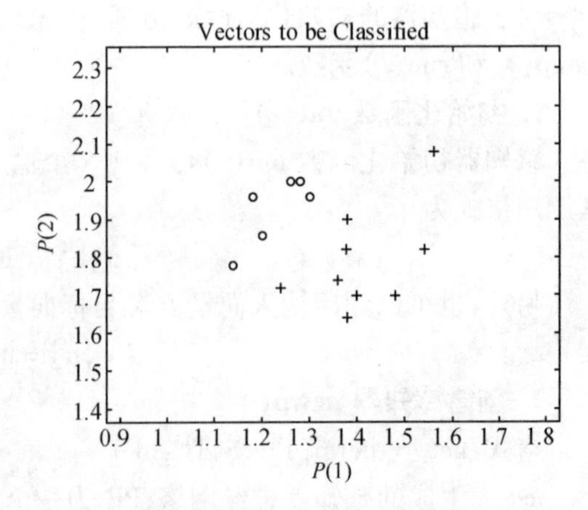

图 11-2-3　样本图形显示

初始化网络：

```
net = init(net)
```

修正感知器网络：

```
E = 1
while(sse(E))           % sse 是误差平方和
    [net,Y,E] = adapt(net,P,T)
    linehandle = plotpc(net.IW{1},net.b{1},linehandle);
    drawnow;
end
```

训练结束后可得如图 11－2－4 的分类方式，可见感知器网络将样本正确地分成两类：

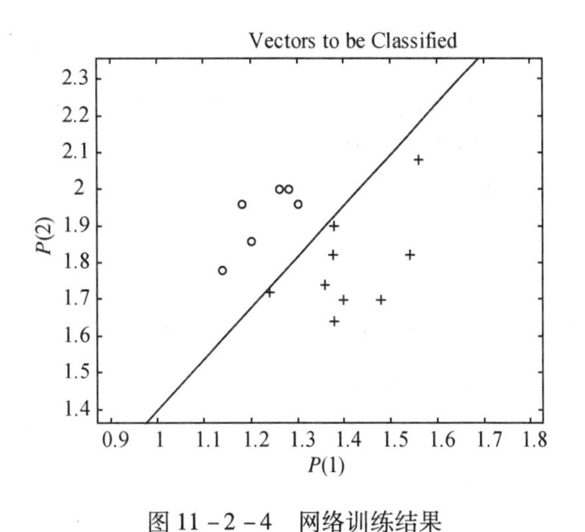

图 11－2－4 网络训练结果

感知器网络训练结束后，可以利用函数 sim 进行仿真，解决实际的分类问题：

```
p1 = [1.24;1.80]
a1 = sim(net,p1)
p2 = [1.28;1.84]
a2 = sim(net,p2)
p3 = [1.40;2.04]
a3 = sim(net,p3)
```

网络仿真结果为

```
a1 = 0   a2 = 0   a3 = 0
```

即三个样本均属于 Apf 蠓。

11. 3 线性神经网络

线性神经网络是最简单的一种神经元网络，由一个或多个线性神经元构成。1959 年，美国工程师 B. widrow 和 M. Hoft 提出自适应线性元件(Adaptive linear element, Adaline)是线性神经网络的最早典型代表。它是感知器的变化形式，尤其在修正权向量的方法上进行了改进，不仅提高了训练收敛速度，而且提高了训练精度。线性神经网络与感知器神经网络的主要不同之处在于其每个神经元的传递函数为线性函数，它允许输出任意值，而不是像感知器中只能输出 0 或 1。此外，线性神经网络一般采用 Widrow－Hoff (W－H)学习规则或者最小均方差(Least mean Square, LMS)规则来调整网络的权值和阈值。

线性神经网络的主要用途是线性逼近一个函数表达式，具有联想功能。另外，它还适用于信号处理滤波、预测、模式识别和控制等方面。

一、线性神经元模型

线性神经元可以训练学习一个与之对应的输入/输出函数关系，或线性逼近任意一个非线性函数，但它不能产生任何非线性的计算特性。

图 11－3－1 描述了一个具有 n 个输入的由纯线性函数组成的线性神经元。

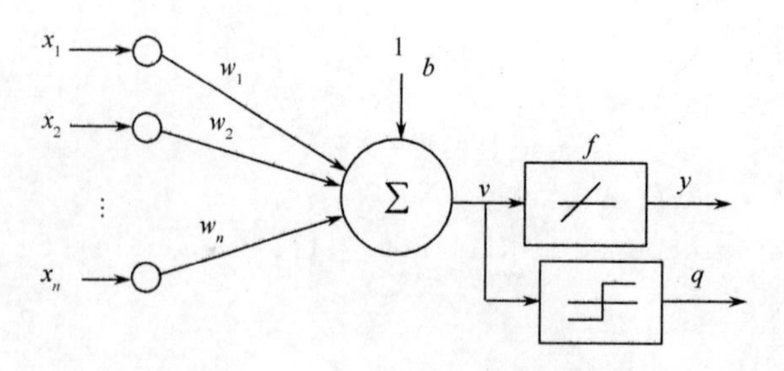

图 11-3-1　线性神经元模型

线性神经网络除了产生二值输出以外，还可以产生模拟输出，即采用线性传输函数，使输出可以为任意值。

假设输入是一个 n 维向量 $\boldsymbol{x}=[x_1,x_2,\cdots,x_n]$，从输入到神经元的权值为 w_i，则该神经元的输出为

$$v = \sum w_i x_i + b$$

在输出节点中的传递函数采用线性函数 purelin，其输入和输出之间是一个简单的比例关系。线性网络最终的输出为

$$y=\mathrm{purelin}(v)$$

即

$$y = \mathrm{purelin}\left(\sum w_i x_i + b\right)$$

二、线性神经学习网络的学习规则

前面我们提到过，线性神经网络采用 W-H 学习规则，又称为最小均方误差 LMS（Least Mean Square Error）。W-H 学习规则是 Widrow 是 Hoft 提出的用来求得权值和阈值的修正值的学习规则。

首先要定义某次迭代时的误差信号为

$$e(n)=d(n)-\boldsymbol{x}^{\mathrm{T}}(n)\boldsymbol{w}(n)$$

其中，n 表示迭代次数；d 表示期望输出。这里采用均方误差作为评价指标：

$$\mathrm{mse}=\frac{1}{Q}\sum_{k=1}^{Q}e^2(k)$$

其中，Q 是输入训练样本的个数。线性神经网络学习的目标是找到合适的 $\boldsymbol{w}$，使得误差的均方差 mse 最小。

学习算法步骤如下：

第一步，定义变量和参数。为方便处理，将偏置 b 与权值合并：

$$\boldsymbol{w}(n)=[b(n),w_1(n),w_2(n),\cdots,w_m(n)]^{\mathrm{T}}$$

相应地，训练样本为

$$\boldsymbol{x}(n)=[+1,x_1(n),x_2(n),\cdots,x_m(n)]^{\mathrm{T}}$$

$b(n)$ 为偏置，$d(n)$ 为期望输出，$y(n)$ 为实际输出，η 为学习率，n 为迭代次数。

第二步，初始化。给向量 $\boldsymbol{w}(n)$ 赋一个较小的随机初值，$n=0$。

第三步，输入样本，计算实际输出和误差。根据给定的期望输出 $d(n)$，计算

$$e(n)=d(n)-\boldsymbol{x}^{\mathrm{T}}(n)\boldsymbol{w}(n)$$

第四步,调整权值向量。根据上一步算得的误差,计算

$$\boldsymbol{w}(n+1)=\boldsymbol{w}(n)+\eta\boldsymbol{x}^{\mathrm{T}}(n)e(n)$$

第五步,判断算法是否收敛。若满足收敛条件,则算法结束,否则 n 自增 1($n=n+1$),跳转到第三步重新计算。

式中 η 为学习率,当其取较大值时,可以加快网络的训练速度,但是如果其值太大,会导致网络稳定性的降低和训练误差的增加。所以,为了保证网络进行稳定的训练,学习率的值必须选择一个合适的值。

三、重要线性神经网络函数的使用方法

在 Matlab 神经网络工具箱中提供了基于线性神经网络的初始化函数 initlin( )、设计函数 solvelin( )、仿真函数 simulin( )以及训练函数 trainwh 和 adaptwh。下面我们将分别介绍多种函数的使用方法。

1. 初始化函数 initlin( )

函数 initlin( )对线性神经网络初始化时,将权值和阈值取为绝对值很小的数。其使用格式为

```
[w,b]=initlin(R,S)
```

其中,R 为输入数;S 为神经元数。

另外,R 和 S 也可用输入向量 P 和目标向量 t 来代替,即

```
[w,b]=initlin(p,t)
```

2. 设计函数 solvelin( )

与大多数其他神经网络不同,只要已知其输入向量 p 和目标向量 t,就可以直接设计出线性神经网络使得线性神经网络的权值矩阵误差最小。其调用命令如下:

```
[w,b]=solvelin(p,t);
```

3. 仿真函数 simulin( )

函数 simulin( )可得到线性网络层的输出

```
a=simulin(p,w,b)
```

其中,a 为输出向量;b 为阈值向量。

4. 训练函数 trainwh( )和 adaptwh( )

线性神经网络的训练函数有两种:trainwh( )和 adaptwh( )。其中,函数 trainwh 可以对线性神经网络进行离线训练;而函数 adaptwh( ) 可以对线性神经网络进行在线自适应训练。

利用 trainwh( )函数可以得到网络的权矩阵 w,阈值向量 b,实际训练次数 te 以及训练过程中网络的误差平方和 lr。

```
[w,b,te,lr]=trainwh(w,b,p,t,tp)
```

输入变量中训练参数 tp 为:

tp(1)指定两次更新显示间的训练次数,其缺省值为 25;

tp(2)指定训练的最大次数,其缺省值为 100;

tp(3)指定误差平方和指标,其缺省值为 0.02;

tp(4)指定学习速率,其缺省值可由 maxlinlr( )函数(此函数主要用于计算采用 W-H 规则训练线性网络的最大的稳定的分辨率)得到。

而利用函数 adaptwh( )可以得到网络的输出 a、误差 e、权值矩阵 w 和阈值向量 b。

```
[a,e,w,b] = adaptwh(w,b,p,t,lr)
```

输入变量 lr 为学习速率,学习速率 lr 为可选参数,其缺省值为 1.0。

另外,函数 maxlinlr( )的调用格式为

```
lr = maxlinlr(p)。
```

四、线性神经网络的应用举例

为了理解线性神经网络的理论及其应用问题,下面给出一个实际问题进行分析,设计一个线性神经网络,用于信号仿真及信号预测。

首先输入信号样本为

```
time = 1:0.0025:5;
p = sin(sin(time).*time*10);
```

目标信号为

```
t = p*2 +2;
```

图形显示样本信号的规律为(图 11-3-2):

```
plot(time, p, time, t, '--')
title('Input and Target Signals')
xlabel('Time')
ylabel('Input__ Target__')
```

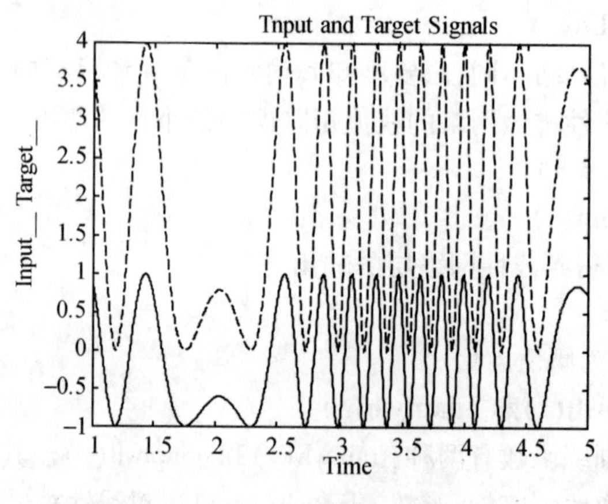

图 11-3-2 样本信号

利用输入样本信号和理想输出进行线性神经网络初始化:

```
[w,b] = initlin(p,t)
```

然后利用函数 adaptwh 对构造的网络进行训练,

```
lr = 0.01;
[a, e, w, b] = adaptwh(w, b, p, t, lr)
```

其中,lr 为学习率;a 为网络的输出;e 为误差。

仿真结果与目标信号对比分析(图 11-3-3):

```
plot(time, a, time, t, ' - -')
title('Output and Target Signals')
xlabel('Time')
ylabel('Output__  Target__')
```

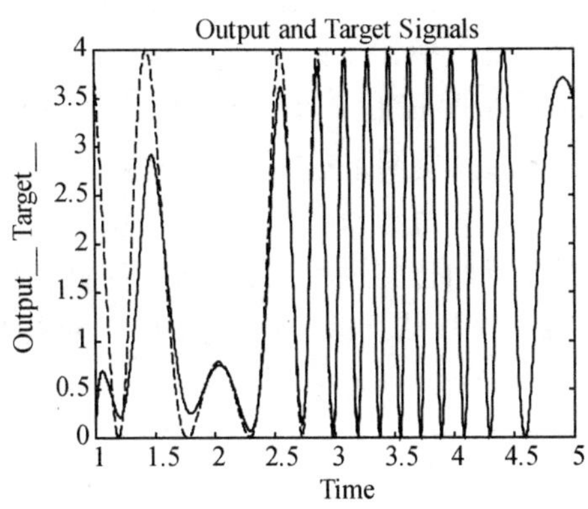

图 11-3-3　仿真结果与目标信号对比分析

误差分析(图 11-3-4)：

```
plot(time,e)
hold on
plot([min(time) max(time)],[0 0],':r')
xlabel('Time')
ylabel('Error')
```

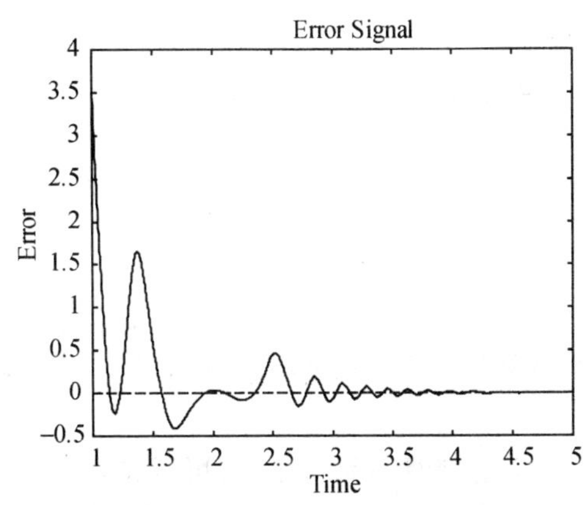

图 11-3-4　误差分析

11.4　BP 网 络

感知器神经网络模型和线性神经网络模型虽然对人工神经网络的发展起了很大的作用,它们的出现也曾掀起了人们研究神经网络的热潮,但它们有许多不足之处。人们也曾因此失去了对神经网络研究的信心,但 Rumelhart、Mcclellard 和他们的同事洞悉到网络信息处理的重要性,并致力于研究并行分布信息处理方法,探索人类认知的微结构,于 1985

年发展了 BP 网络的学习算法,从而给人工神经网络增添了活力,使其得以全面迅速地恢复发展起来。

BP 网络是一种多层前馈神经网络,其神经元的传输函数为 S 型函数,因此输出量为 0~1 之间的连续量,它可以实现从输入到输出的任意的非线性映射。由于其权值的调整是利用实际输出与期望输出之差,对网络的各层连接权由后向前逐层进行校正的计算方法,故而称为反向传播(Back - Propogation)学习算法,简称为 BP 算法。BP 算法主要是利用输入、输出样本集进行相应训练,使网络达到给定的输入、输出映射函数关系。算法常分为两个阶段:第一阶段(正向计算过程)由样本选取信息从输入层经隐含层逐层计算各单元的输出值;第二阶段(误差反向传播过程)由输出层计算误差并逐层向前算出隐含层各单元的误差,并以此修正前一层权值。BP 网络主要用于函数逼近、模式识别、分类以及数据压缩等方面。

一、BP 网络的网络结构

BP 神经网络一般是多层的,与之相关的另一个概念是多层感知器。多层感知器除了输入层和输出层以外,还具有若干个隐含层。多层感知器强调神经网络在结构上由多层组成,BP 神经网络则强调网络采用误差反向传播的学习算法。图 11 -4 -1 为包含一个隐含层的 BP 神经网络结构。

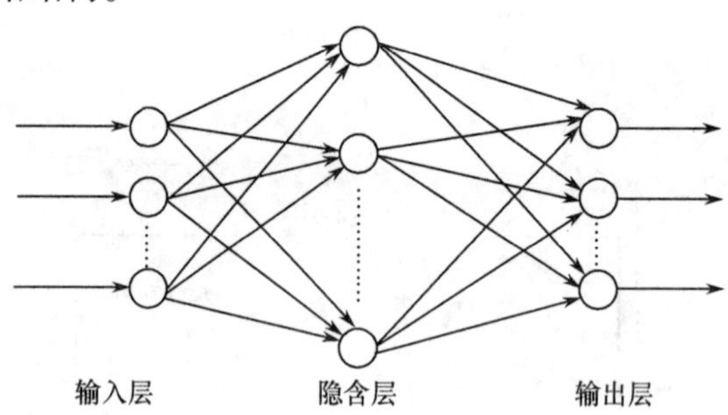

图 11 -4 -1　具有一个隐含层的 BP 网络结构

感知器与线性神经元的主要差别在于传递函数上:前者是二值型的,而后者是线性的。BP 网络除了在多层网络上与已介绍过的模型有不同外,其主要差别也表现在传递函数上。

图 11 -4 -2 所示的两种 S 型传递函数的图形,可以看到 $f(\cdot)$ 是连续可微的单调递增函数,这种传输函数的输出特性比较软,其输出状态的取值范围为[0,1]或者[-1,+1],其硬度可以由参数 λ 来调节。函数的输入、输出关系表达式如下所示:

双极型的 S 型传输函数:$f(net) = \dfrac{2}{1 + \exp(-\lambda net)}$,　$f(net) \in (-1,1)$

单极型的 S 型传输函数:$f(net) = \dfrac{1}{1 + \exp(-\lambda net)}$,　$f(net) \in (0,1)$

对于多层网络,这种传递函数所划分的区域不再是线性划分,而是由一个非线性的超平面组成的区域。

因为 S 型函数具有非线性的大系数功能,它可以把输入从负无穷到正无穷大的信号变换成 -1 到 +1 之间输出,所以采用 S 型函数可以实现从输入到输出的非线性映射。

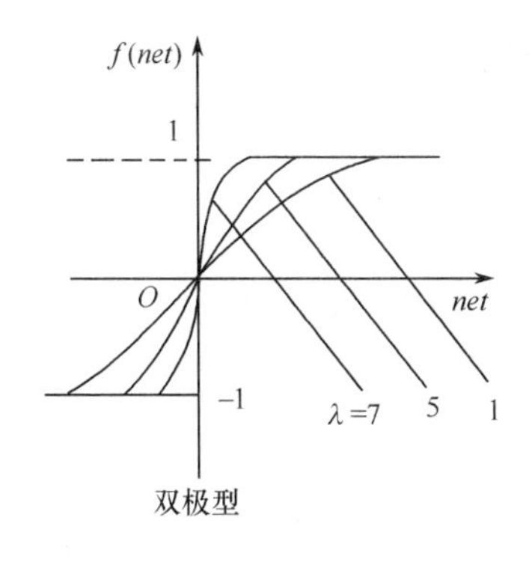

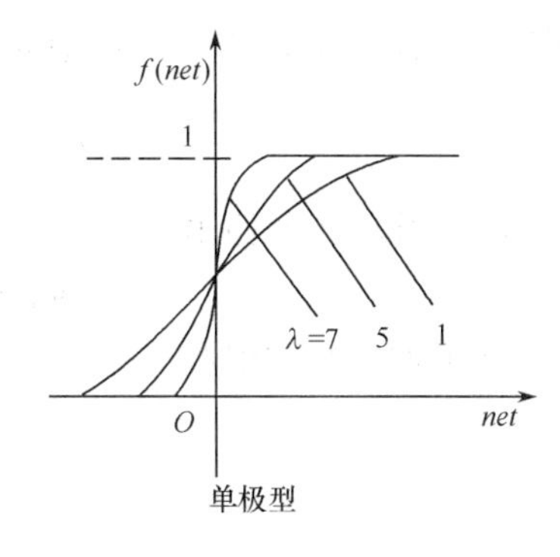

图 11-4-2　sigmoid 型函数图形

二、BP 网络学习规则

确定 BP 网络的层数和每层的神经元个数以后，还需要确定各层之间的权值系数才能根据输入给出正确的输出值。标准的 BP 网络使用最速下降法来调制各层权值。下面以三层网络为例推导标准 BP 网络的权值学习算法。

第一步，变量定义。

在三层 BP 网络中，假设输入神经元个数为 M，隐含层神经元个数为 I，输出层神经元个数为 J。输入层第 m 个神经元记为 x_m，隐含层第 i 个神经元记为 k_i，输出层第 j 个神经元记为 y_j。从 x_m 到 k_i 的连接权为 w_{mi}，从 k_i 到 y_j 的连接权为 w_{ij}。隐含层传递函数为 Sigmoid 函数，输出层传递函数为线性函数。

上述网络接受一个长为 M 的向量作为输入，最终输入一个长为 J 的向量。用 u 和 v 分别表示每一层的输入和输出，如 u_I^1 表示 I 层（即隐含层）第一个神经元的输入。网络的实际输出为

$$Y(n)=[v_J^1,v_J^2,\cdots,v_J^J]$$

网络的期望输出为

$$d(n)=[d_1,d_2,\cdots,d_J]$$

n 为迭代次数。第 n 次迭代的误差信号定义为

$$e_j(n)=d_j(n)-Y_j(n)$$

将误差能量定义为

$$e(n)=\frac{1}{2}\sum_{j=1}^{J}e_j^2(n)$$

第二步，工作信号正向传播。

输入层的输出等于整个网络的输入信号：

$$v_M^m(n)=x(n)$$

隐含层第 i 个神经元输入等于 $v_M^m(n)$ 的加权和：

$$u_I^i(n)=\sum_{m=1}^{M}w_{mi}v_M^m(n)$$

假设 $f(\cdot)$ 为 Sigmoid 函数，则隐含层第 i 个神经元输出等于：

$$v_I^i(n)=f(u_I^i(n))$$

输出层第 j 个神经元的输入等于 $v_I^i(n)$ 的加权和：

$$u_J^j(n) = \sum_{m=1}^{I} w_{ij} v_I^i(n)$$

输出层第 j 个神经元的输出等于：

$$v_J^j(n) = g(u_J^j(n))$$

输出层第 j 个神经元的误差：

$$e_j(n) = d_j(n) - v_J^j(n)$$

网络的总误差为

$$e(n) = \frac{1}{2}\sum_{j=1}^{J} e_j^2(n)$$

第三步，误差信号反向传播。

在权值调整阶段，沿着网络逐层反向进行调整。

(1) 首先调整隐含层与输出层之间的权值。根据最速下降法，应计算误差对 w_{ij} 的梯度 $\frac{\partial e(n)}{\partial w_{ij}(n)}$，再沿着该方向反向进行调整：

$$\Delta w_{ij}(n) = -\eta \frac{\partial e(n)}{\partial w_{ij}(n)}$$

$$w_{ij}(n+1) = \Delta w_{ij}(n) + w_{ij}(n)$$

由于 $e(n)$ 和 $e_j(n)$ 是二次函数，其微分为一次函数：

$$\frac{\partial e(n)}{\partial e_j(n)} = e_j(n)$$

$$\frac{\partial e(n)}{\partial v_J^j(n)} = -1$$

输出层传输函数的导数：

$$\frac{\partial v_J^j(n)}{\partial u_J^j(n)} = g' u_J^j(n)$$

$$\frac{\partial u_J^j(n)}{\partial w_{ij}(n)} = v_I^i(n)$$

因此，梯度值为

$$\frac{\partial e(n)}{\partial w_{ij}(n)} = -e_j(n) g'(u_J^j(n)) v_I^i(n)$$

权值修正量为

$$\Delta w_{ij}(n) = \mu e_j(n) g'(u_J^j(n)) v_I^i(n)$$

引入局部梯度的定义：

$$\delta_J^j = -\frac{\partial e(n)}{\partial u_J^j(n)} = -\frac{\partial e(n)}{\partial e_j(n)} \cdot \frac{\partial e(n)}{\partial v_J^j(n)} \cdot \frac{\partial v_J^j(n)}{\partial u_J^j(n)} = e_j(n) g'(u_J^j(n))$$

因此，权值修正量可表示为

$$\Delta w_{ij}(n) = \eta \delta_J^j v_I^i(n)$$

局部梯度指明权值所需要的变化。神经元的局部梯度等于神经元的误差信号与传递函数导数的乘积。在输出层，传递函数一般为线性函数，其导数为 1：

$$g'(u_J^j(n))=1$$

代入上式，可得

$$\Delta w_{ij}(n)=\eta e_j(n)v_I^i(n)$$

输出神经元的权值修正相对简单。

（2）误差信号向前传播，对输入层与隐含层之间的权值 w_{mi} 进行调整。与上一步类似，应有

$$\Delta w_{ij}(n)=\eta\delta_I^i v_M^m(n)$$

$v_M^m(n)$ 为输入神经元的输出，$v_M^m(n)=x^m(n)$。

δ_I^i 为局部梯度，定义为

$$\delta_I^i=-\frac{\partial e(n)}{\partial u_I^i(n)}=-\frac{\partial e(n)}{\partial v_I^i(n)}\cdot\frac{\partial v_I^i(n)}{\partial u_I^i(n)}=-\frac{e(n)}{\partial v_I^i(n)}f'(u_I^i(n))$$

$f(g)$ 为 Sigmoid 传递函数。由于隐含层不可见，因此无法直接求解误差对该层输出值的偏导数 $\frac{\partial e(n)}{\partial v_I^i(n)}$。这里需要使用上一步计算中求得的输出层节点的局部梯度：

$$\frac{\partial e(n)}{\partial v_I^i(n)}=\sum_{j=1}^{J}\delta_J^j w_{ij}$$

故有

$$\delta_I^i=f'(u_I^i(n))\sum_{j=1}^{J}\delta_J^j w_{ij}$$

至此，三层 BP 网络的一轮权值调整就完成了。

三、重要 BP 神经网络函数的使用方法

函数 initff( )和 simuff 可以用来初始化和仿真不超过三层的前馈型网络。函数 trainbp( )、trainbpx( )、trainlm( )可用来训练 BP 网络。其中，trainlm( )的训练速度最快，但它需要更大的存储空间，也就是说它是以空间换取了时间；trainbpx( )的训练速度次之；trainlm( )最慢。

1. 初始化函数 initff( )

函数 initff( )的主要功能就是对至多三层的 BP 网络初始化。其使用格式有多种，现列如下：

```
[w,b] = initff(p, s, f)
[w1, b1, w2, b2] = initff(p, s1, f1, s2, f2)
[w1, b1, w2, b2, w3, b3] = initff(p, s1, f1, f2, s3, f3)
[w, b] = initff(p, s, t)
[w1,b1,w2,b2] = initff(p, s1, f1, s2, t)
[w1, b1, w2, b2, w3, b3] = initff(p, s1, f1, s2, f2, s3, t)
```

[w, b] = initff(p, s, f)可得到 s 个神经元的单层神经网络的权值和阈值，其中 p 为输入向量，f 为神经元的传输函数。

BP 网络有一个特点很重要，即 p 中的每一行中必须包含网络期望输入的最大值和最小值，这样才能合理地初始化权值和阈值。

2. 仿真函数 simuff( )

BP 网络是由一系列网络层组成,每一层都从前一层得到输入数据,函数 simuff( )可仿真至多三层前馈型网络。对于不同的网络层数,其使用格式为

```
a = simuff(p, w1, b1, f1)
a = simuff(p, w1, b1, f1, w2, b2, f2)
a = simuff(p, w1, b1, f1, w2, b2, f2, w3, b3, f3)
```

以上三式分别为单层、双层和三层网络结构的仿真输出。

3. 训练函数

关于前面所提到的几种 BP 网络训练函数,在这里只介绍其中之一:trainbp( )。

函数 trainbp( )利用 BP 算法训练前馈型网络。trainbp( )函数可以训练单层、双层和三层的前馈型网络,其调用格式分别为

```
[w, b, te, tr] = trainbp(w, b, f',p, t, tp)
[w1, b1, w2, b2, te, tr] = trainbp(w1,b1, f1',w2, b2, f2',p, t, tp)
[w1,b1,w2,b2,w3,b3,te,tr] = trainbp(w1, b1, f1',w2, b2, f2',w3, b3, f3',p, t, tp)
```

可选训练参数 tp 内的四个参数依次为:

tp(1)指定两次显示间的训练次数,其缺省值 25;

tp(2)指定训练的最大次数,其缺省值 100;

tp(3)指定误差平方和指标,其缺省值 0.02;

tp(4)指定学习速率,其缺省值 0.01。

只有网络误差平方和降低到期望误差之下,或者达到了最大训练次数,网络才停止学习。学习速率指定了权值与阈值的更新比例,较小学习速率会导致学习时间较长,但可提高网络权值收敛效果。

四、BP 网络的应用举例

BP 网络的函数逼近举例:设计一个 BP 网络,其隐含层神经元的传输函数为双曲正切函数,输出层神经元的传输函数为线性函数,学习样本为 21 组单输入向量,理想输出为相应的单输出向量。

输入向量为

```
p = -1:0.1:1;
```

理想输出向量为

```
t = [ -0.96 -0.577 -0.0729 0.377 0.641 0.66 0.461 0.1336 -0.201 -0.434 -0.5 -0.393 -0.1647 0.0988 0.3072 0.396 0.3449 0.1816 -0.0312 -0.2183 -0.3201];
```

输入、输出的函数关系曲线(图 11-4-3):

```
plot(p,t)
xlabel('Input')
ylabel('Output')
```

利用输入和理想输出进行 BP 神经网络初始化:

```
[w1,b1,w2,b2] = initff(p,5,'tansig',t,'purelin')
```

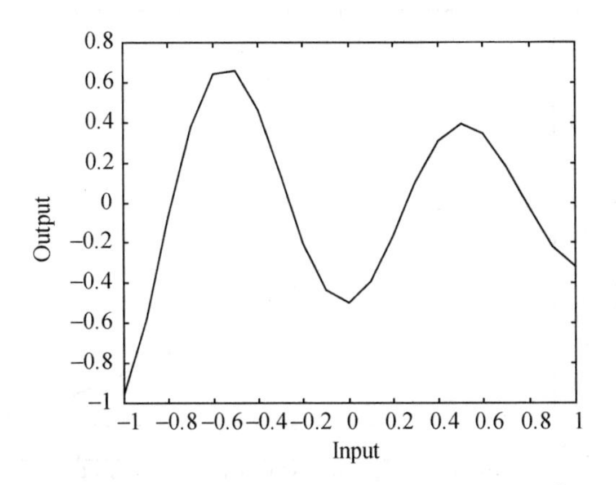

图 11 -4 -3 输入、输出关系

利用函数 trainbp 对构造的 BP 网络进行训练：

```
df =10
me =8000
eg =0.02
lr =0.01
tp =[df me eg lr]
[w1,b1,w2,b2,ep,tr] =trainbp(w1,b1,'tansig',w2,b2,'purelin',p,t,tp)
```

其中，df 指定两次显示间的训练次数，其缺省值 25；me 指定训练的最大次数，其缺省值 100；eg 指定误差平方和指标，其缺省值 0.02；lr 指定学习速率，其缺省值 0.01。

训练结果与理想输出对比分析(图 11 -4 -4)：

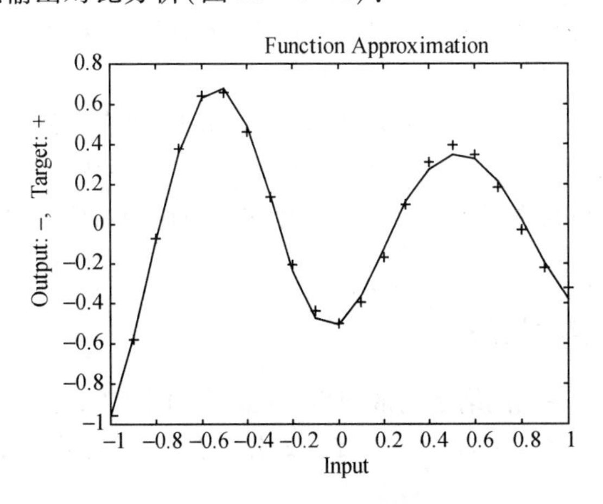

图 11 -4 -4 训练结果与理想输出对比分析

网络的训练过程中，网络收敛效果一定程度上要受网络初始化的初始值的影响，实际输出和理想输出的误差的变化情况可以反映网络学习的效果，这一点可以通过如图 11 -4 -5 反映：

```
ploterr(tr, eg)
```

其中，tr 为网络学习的循环次数。

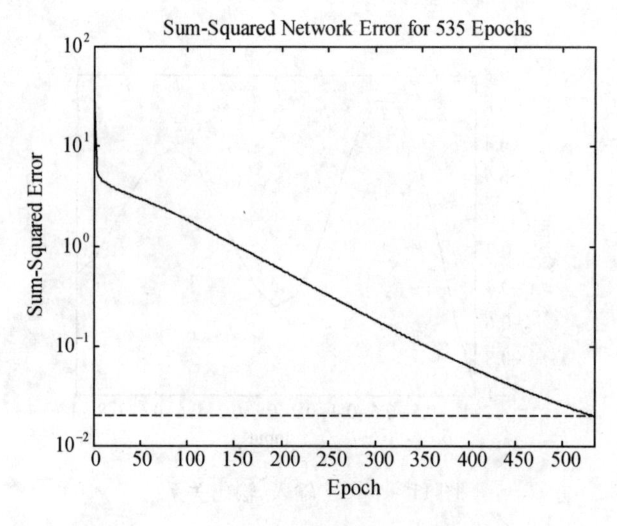

图 11－4－5 误差曲线

※11.5 反馈网络

按照人工神经元网络运行过程中信息的流向分类。现有网络可分为前馈型和反馈型以及它们的结合。从计算的观点看，前馈型神经元网络大部分是学习网络。在反馈式神经网络中，所有单元都是一样的，它们之间可以相互连接，所以反馈式神经网络可以用一个无向完备图来表示。如网络系统具有若干个稳定状态，当网络从某一初始状态开始运动，网络系统总可以收敛到某一个稳定的平衡状态；还有系统稳定的平衡状态可以通过设计网络的权值而被存储到网络中。在某些情况下，还有随机性和不可预测性等，因此，比前馈网络的内容要广阔和丰富得多。

Hopfield 将"能量函数"的概念引入到对称 Hopfield 网络的研究中，给出了网络的稳定性判据，并用来进行约束优先问题（如旅行商（简称 TSP）问题）的求解，实现 A/ D 转换等。另外，Hopfield 网络与电子模拟线路之间存在着明显的对应关系，使得该网络易于理解且便于实现。

一、Hopfield 网络的结构

最初被提出的 Hopfield 网络是离散网络，输出值只能取 0 或 1，分别表示神经元的抑制和兴奋状态。图 11－5－1 和图 11－5－2 分别是一个离散 Hopfield 网络结构图与 Hopfield 网络模型。

在图 11－5－1 中，输出神经元的取值为 0/ 1 或 －1/ 1。对于中间层，任意两个神经元间的连接权值为 w_{ij}，$w_{ij}=w_{ji}$ 神经元的连接是对称的。如果 $w_{ii}=0$，即神经元自身无连接，则称为无反馈的 Hopfield 网络；如果 $w_{ii}\neq 0$，则称为有自反馈的 Hopfield 网络。但出于稳定性考虑，一般避免使用有自反馈的网络。

假设共有 N 个神经元，每个神经元 t 时刻的输入为 $x_i(t)$，二值化后的输出为 $y_i(t)$，则 t 时刻神经元的输入为

$$x_i(t) = \sum_{\substack{j=1 \\ j \neq i}}^{N} w_{ij} y_j(t) + b_i(t)$$

$b_i(t)$为第 i 个神经元的阈值。$t+1$ 时刻的输出为

$$y_i(t+1) = f(x_i(t)) = \mathrm{sgn}(x_i(t)) = \begin{cases} 1 & x_i(t) \geq 0 \\ -1 & x_i(t) < 0 \end{cases}$$

或

$$y_i(t+1) = f(x_i(t)) = \begin{cases} 1 & x_i(t) \geq 0 \\ 0 & x_i(t) < 0 \end{cases}$$

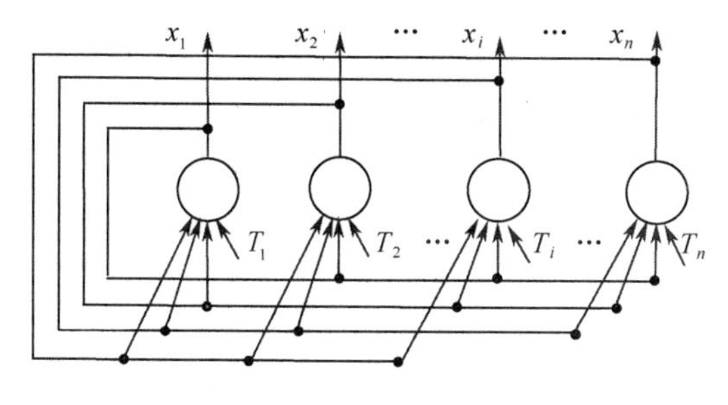

图 11－5－1　离散 Hopfield 网络

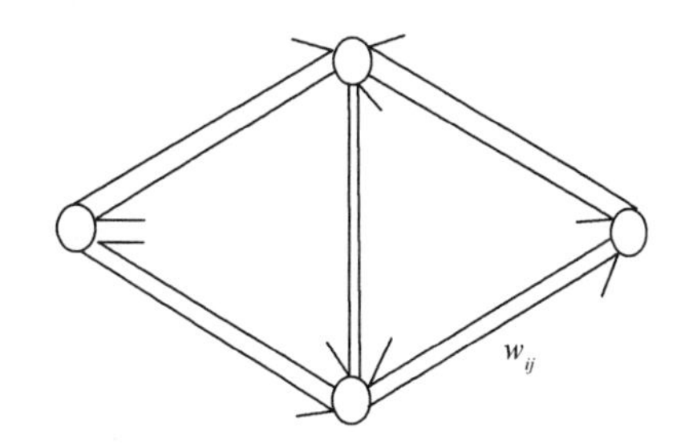

图 11－5－2　Hopfield 网络模型

二、Hopfield 网络运行规则

如果 Hopfield 网络是稳定的，则称一个或若干个稳定的状态为网络的吸引子，能够最终演化为该吸引子生物初始状态集合，称为该吸引子的吸引域。网络计算的过程就是初始输入向量经过逐次迭代向吸引子演化的过程。演化的规则是向能量函数减小的方向演化，直到达到稳定状态。这里引入 Lyapunov 函数作为能量函数，其定义为

$$E = -\frac{1}{2}\sum_{i=1}^{N}\sum_{j=1}^{N} w_{ij} y_i y_j - \sum_{i=1}^{N} b_i y_i$$

Hopfield 网络有两种向吸引子演化的方式：

（1）串行（异步）运行方式。在网络运行中，每次只有一个神经元进行状态调整，其他神经元保持不变。这个神经元可以根据确定的或随机的规则进行选取。

对于离散 Hopfield 网络，如果按串行方式运行，且连接矩阵 $\boldsymbol{\omega}$ 为对称矩阵，则对于任意初始状态，网络最终收敛到一个吸引子，下面给出证明。

令网络的能量改变为 ΔE，状态改变量为 $\Delta \boldsymbol{Y}$，显然有

$$\Delta E = E(t+1) - E(t)$$

$$\Delta \boldsymbol{Y} = \boldsymbol{Y}(t+1) - \boldsymbol{Y}(t)$$

由以上三式，有

$$\begin{aligned} \Delta E &= E(t+1) - E(t) \\ &= -\frac{1}{2}\boldsymbol{Y}^{\mathrm{T}}(t+1)\boldsymbol{\omega}\boldsymbol{Y}(t+1) - \boldsymbol{Y}^{\mathrm{T}}(t+1)B + \frac{1}{2}\boldsymbol{Y}^{\mathrm{T}}(t)\boldsymbol{\omega}\boldsymbol{Y}(t) + \boldsymbol{Y}^{\mathrm{T}}(t)B \\ &= -\frac{1}{2}[\boldsymbol{Y}(t) + \Delta\boldsymbol{Y}(t)]^{\mathrm{T}}\boldsymbol{\omega}[\boldsymbol{Y}(t) + \Delta\boldsymbol{Y}(t)] - [\boldsymbol{Y}(t) + \Delta\boldsymbol{Y}(t)]^{\mathrm{T}}B \end{aligned}$$

$$+\frac{1}{2}\boldsymbol{Y}^{\mathrm{T}}(t)\boldsymbol{\omega}\boldsymbol{Y}(t)+\boldsymbol{Y}^{\mathrm{T}}(t)B$$

$$=-\Delta\boldsymbol{Y}^{\mathrm{T}}(t)\boldsymbol{\omega}\boldsymbol{Y}(t)-\frac{1}{2}\Delta\boldsymbol{Y}^{\mathrm{T}}(t)\boldsymbol{\omega}\Delta\boldsymbol{Y}^{\mathrm{T}}(t)-\Delta\boldsymbol{Y}^{\mathrm{T}}(t)B$$

$$=-\Delta\boldsymbol{Y}^{\mathrm{T}}(t)[\boldsymbol{\omega}\boldsymbol{Y}(t)+B]-\frac{1}{2}\Delta\boldsymbol{Y}^{\mathrm{T}}(t)\boldsymbol{\omega}\Delta\boldsymbol{Y}^{\mathrm{T}}(t)$$

考虑到运行方式为串行,因此状态的改变量为

$$\Delta\boldsymbol{Y}=[0,\cdots,0,\Delta x_j(t),0,\cdots,0]^{\mathrm{T}}$$

代入上式,并考虑到 $\boldsymbol{\omega}$ 为对称矩阵,得

$$\Delta E(t)=-\Delta y_j(t)\left[\sum_{i=1}^{N}\omega_{ij}y_i+B_j\right]-\frac{1}{2}\Delta y_j^2\omega_{jj}$$

$$=-\Delta y_j(t)\left[\sum_{i=1}^{N}\omega_{ij}y_i+B_j\right]$$

$\sum_{i=1}^{N}\omega_{ij}y_i+B_j$ 即为神经元的输入。假设输出层的传输函数为符号函数,则对应的输出为

$$y_i(t+1)=\begin{cases}1, & \sum_{i=1}^{N}\omega_{ij}y_i+B_j\geqslant 0\\ -1 & \sum_{i=1}^{N}\omega_{ij}y_i+B_j<0\end{cases}$$

如果 $y_j(t+1)=y_j(t)$,则 $\Delta y_j(t)=0$,故 $\Delta E(t)=0$。

如果 $y_i(t+1)=-1, y_i(t)=1$,则 $\sum_{i=1}^{N}\omega_{ij}y_i+B_j<0$。又 $\Delta y_j(t)=y_j(t+1)-y_j(t)=-2<0$,故 $\Delta E(t)=-\Delta y_j(t)\left[\sum_{i=1}^{N}\omega_{ij}y_i+B_j\right]<0$。

如果 $y_i(t+1)=1, y_i(t)=-1$,则 $\sum_{i=1}^{N}\omega_{ij}y_i+B_j\geqslant 0$。又 $\Delta y_j(t)=y_j(t+1)-y_j(t)=-2>0$,故 $\Delta E(t)=-\Delta y_j(t)\left[\sum_{i=1}^{N}\omega_{ij}y_i+B_j\right]\leqslant 0$。

以上三种情况的讨论包含了所有可能出现的情况,因此,如果以串行方式调整网络,而连接矩阵为对称阵(没有自反馈,主对角线元素为0),总有 $\Delta E\leqslant 0$,即网络总是向能量函数减小的方向演化,而能量函数有下界,因此最终一定能达到某个平衡点。

(2) 并行(同步)运行方式。在某时刻 t,所有神经元的状态都产生了变化。对于离散 Hopfield 网络,如果采用并行运行方式,且连接矩阵为非负定对称矩阵,则对于任意一个初态,系统都能稳定收敛到某个吸引子。

这里沿用(1)中变量的定义,有

$$\Delta E=E(t+1)-E(t)$$

$$=-\frac{1}{2}[\boldsymbol{Y}(t)+\Delta\boldsymbol{Y}(t)]^{\mathrm{T}}\boldsymbol{\omega}[\boldsymbol{Y}(t)+\Delta\boldsymbol{Y}(t)]-[\boldsymbol{Y}(t)+\Delta\boldsymbol{Y}(t)]^{\mathrm{T}}B$$

$$+\frac{1}{2}\boldsymbol{Y}^{\mathrm{T}}(t)\boldsymbol{\omega}\boldsymbol{Y}(t)+\boldsymbol{Y}^{\mathrm{T}}(t)B$$

$$=-\Delta\boldsymbol{Y}^{\mathrm{T}}(t)\boldsymbol{\omega}\boldsymbol{Y}(t)-\frac{1}{2}\Delta\boldsymbol{Y}^{\mathrm{T}}(t)\boldsymbol{\omega}\Delta\boldsymbol{Y}^{\mathrm{T}}(t)-\Delta\boldsymbol{Y}^{\mathrm{T}}(t)B$$

$$= -\Delta \boldsymbol{Y}^{\mathrm{T}}(t)[\omega \boldsymbol{Y}(t)+B]-\frac{1}{2}\Delta \boldsymbol{Y}^{\mathrm{T}}(t)\omega\Delta \boldsymbol{Y}^{\mathrm{T}}(t)$$

在上文关于串行运行方式的讨论中,已经证明 $\Delta E(t) = -\Delta y_j(t)\left[\sum_{i=1}^{N}\omega_{ij}y_i + B_j\right] \leqslant 0$,因此 $-\Delta \boldsymbol{Y}^{\mathrm{T}}(t)[\boldsymbol{\omega} \boldsymbol{Y}(t)+B]\leqslant 0$。根据现行代数中矩阵的原理,$-\frac{1}{2}\Delta \boldsymbol{Y}^{\mathrm{T}}(t)\boldsymbol{\omega}\Delta \boldsymbol{Y}^{\mathrm{T}}(t) \leqslant 0$ 的条件是连接权值矩阵 $\boldsymbol{\omega}$ 为非负定对称矩阵。

三、重要的反馈网络函数

在 Matlab 神经网络工具箱中对 Hopfield 网络的设计和仿真分别提供了函数 solvehop( )和函数 simuhop( )。

1. 设计函数 solvehop( )

Hopfield 网络神经元的输出通过权值矩阵反馈到神经元的输入,从任何初始输出向量开始,网络不断更新,直至达到稳定的输出向量。Hopfield 网络的设计包括权值及对称饱和线性层的阈值,以便使目标向量成为网络的稳定输出向量。调用格式为

[w,b] = solverhop(t)

通过对 solverhop( )函数的调用可迅速得到一个权值矩阵和阈值向量。

2. 仿真函数 simuhop( )

调用仿真函数 simuhop( )又同时得到最终的输出向量和仿真过程中产生的所有输入向量矩阵 x,即

[a,x] = simuhop(a,w,b,t)

上式中输入变量 a 为初始输出向量 w 为权值矩阵,b 为阈值向量,t 为步数。

四、反馈网络应用举例

下面给出一个含有两个神经元的 Hopfield 网络实例:在二维平面上定义两个平衡点[1,-1]与[-1,1],使所有的输入向量经过迭代最后收敛到这两个点。

```
figure(gcf)
echo on
t =[1 -1; -1 1]
plot(t(1,:),t(2,:),'r*')
axis([ -1.1 1.1 -1.1 1.1])
alabel('a(1)','a(2)','Hopfield Network State Space')
pause
[w,b] = solvehop(t)
pause
a = simuhop(t,w,b)
pause
a = rands(2,1)
[a,aa] = simuhop(a,w,b,50)
hold on
plot(aa(1,1),aa(2,1),'wx',aa(1,:),aa(2,:))
```

```
pause
hold on
color='rgbmy'
for i=1:25
   a=rands(2,1);
   [a,aa]=simuhop(a,w,b,20);
   plot(aa(1,1),aa(2,1),'wx',aa(1,:),aa(2,:),color(rem(i,5)+1))
   drawnow
end
echo off
```

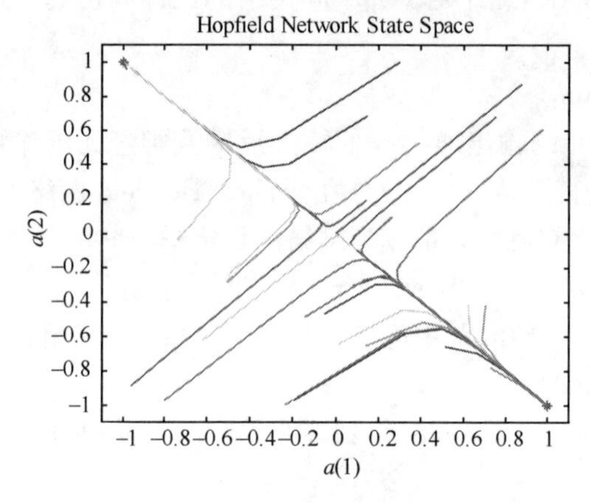

图 11-5-3 网络训练结果

习题十一

1. 设计一个感知器,将二维的四组输入向量分成两类,输入向量为 $\boldsymbol{P}=[-0.5 \quad -0.5 \quad 0.3\ 0;\quad -0.5 \quad 0.5 \quad -0.5 \quad 1]$;目标向量:$\boldsymbol{T}=[1.0 \quad 1.0 \quad 0 \quad 0]$。

2. 设计一个简单的单层线性神经元,使其实现从输入到输出的变换关系,其输入和目标分别为 $P=[1.0 \quad -1.2]$; $T=[0.5 \quad 1.0]$。

3. 下表为某药品的销售情况,现构建一个如下的三层 BP 神经网络对药品的销售进行预测:输入层有三个节点,隐含层节点数为 5,隐含层的激活函数为 tansig;输出层节点数为 1 个,输出层的激活函数为 logsig,并利用此网络对药品的销售量进行预测,预测方法采用滚动预测方式,即用前 3 个月的销售量来预测第 4 个月的销售量,如用 1、2、3 月的销售量为输入预测第 4 个月的销售量,用 2、3、4 月的销售量为输入预测第 5 个月的销售量,如此反复直至满足预测精度要求为止。

月份	1	2	3	4	5	6
销量	2056	2395	2600	2298	1634	1600
月份	7	8	9	10	11	12
销量	1873	1478	1900	1500	2046	1556

4. (8 皇后问题)给定一个标准的棋盘和 8 个皇后,要求正确地放置 8 个皇后,使得没有任何一个皇后可以攻击到另外的 1 个皇后,应用 Hopfield 模型求解这一问题。

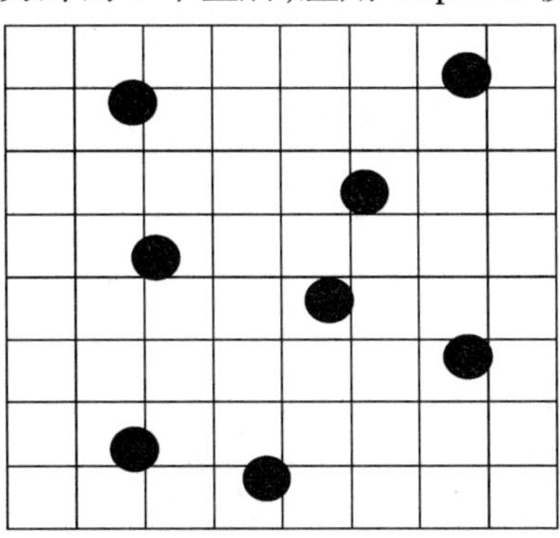

习题参考答案

习题一

1. (1)4、7、10、13;(2)4、5、11/2、23/4
2. $X_{n+1} = X_n + 3 \times 2^{n-1}$
3. $C_n = C_{n-1} \cdot x\% + N$
4. $Q' = -0.66P^{-1.66}$
5. (1)1999 年; (2)1977 年
6. (1)7738 元;(2)24 年
7. (1)第 9 个月; (2)39 个月
8. 40 年
9. $I_n = I_{n-1}(1 - x\% - y\%)$

习题二

1. 1.4120 1.7208
2. 9.6734 30.0427 31.1755 25.3820
3. 略
4. $y = 0.2230x + 9.1212$
5. $y = 0.2915x + 70.5723$
6. $y = 0.1403x^2 + 0.1971x + 1.0105$
7. $y = 21.0067 + 19.5282 lnx$

习题三

1. 最优配比甲饲料 3kg,乙饲料 6kg,最低费用 39 元。
2. 煤场甲供应三个居民区 A、B、C 的煤量分别 0t,2t,40t,煤场乙供应三个居民区 A、B、C 的煤量分别 50t,50t,0t,最低总费用 940 元。
3. 生产甲产品 1.25t,生产乙产品 5t,最大利润 7.5 万元。
4. 生产甲药品 2t,生产乙药品 5t,最大利润 20 万元。
5. 甲项目投资 4 万元,乙项目投资 6 万元,最大收益 7 万元。
6. 甲电影院放映 3 次,乙电影院放映 2 次,最大观看观众数 1200 人。
7. 生产产品甲 5 件,生产产品乙 25 件,最大利润 70000 元。

8. 第一季度生产 40 条帆船，第二季度生产 50 条帆船，第三季度生产 75 条帆船，第四季度生产 25 条帆船，总费用 78450 美元。

9. 切割方案为：

模式	2.9m 钢管根数	2.1m 钢管根数	1.5m 钢管根数	余料/ m
1	2	0	1	0.1
2	1	2	0	0.3
3	1	1	1	0.9
4	1	0	3	0
5	0	3	0	1.1
6	0	2	2	0.2
7	0	1	3	0.8
8	0	0	4	1.4

模式 1 切割 40 根，模式 2 切割 20 根，模式 3 切割 0 根，模式 4 切割 0 根，模式 5 切割 0 根，模式 6 切割 30 根，模式 7 切割 0 根，模式 8 切割 0 根，总根数 90 根。

习题四

1. 三个季度分别生产 50 台、60 台、70 台。

2. 解：设每种产品生产的数量分别为 x_1、x_2、x_3、x_4。

多目标决策模型为

$$\max f_1(x) = 8x_1 + 6x_2 + 10x_3 + 12x_4 \quad f_1(x)\text{为销售好时的利润}$$

$$\max f_2(x) = 5x_1 + 5x_2 + 6x_3 + 4x_4 \quad f_2(x)\text{为销售不好时的利润}$$

$$\text{使得}\begin{cases}4x_1 + 3x_2 + 6x_3 + 5x_4 \leqslant 45 \\ 2x_1 + 5x_2 + 4x_3 + 3x_4 \leqslant 30 \\ x_i \geqslant 0,\ i = 1,\ 2,\ 3,\ 4\end{cases}$$

构造如下评价函数，即求如下模型的最大值：

$$\begin{aligned}\max f(x) &= 0.5(8x_1 + 6x_2 + 10x_3 + 12x_4) + 0.5(5x_1 + 5x_2 + 6x_3 + 4x_4) \\ &= 6.5x_1 + 5.5x_2 + 8x_3 + 8x_4\end{aligned}$$

$$\text{使得}\begin{cases}4x_1 + 3x_2 + 6x_3 + 5x_4 \leqslant 45 \\ 2x_1 + 5x_2 + 4x_3 + 3x_4 \leqslant 30 \\ x_i \geqslant 0,\ i = 1,\ 2,\ 3,\ 4\end{cases}$$

命令如下：

```
输入 f =[6.5 5.5 8 8];
a =[4,3,6,5;2,5,4,3];
b =[45;30];
lb = zeros(4,1);
[x,fval] = linprog( - f,a,b,[ ],[ ],lb)
输出 x = 9.6429
```

```
        2.1429
        0.0000
        0.0000
fval =   -74.4643
```

3. 解:Matlab 求解:先分别对单目标求解。

(1) 求解 $f_1(x)$ 最优解的 Matlab 程序为

输入:

```
f1 =[ -4, -4]';
a =[3 2;2 6];
b =[12;22];
aeq =[ ];beq =[ ];
lb =[0; 0];ub =[ ];
[x,fval] = linprog(f1,a,b,aeq,beq,lb,ub)
```

输出:

```
x =
        2
        3
fval =
        -20
```

(2) 求解 $f_2(x)$ 最优解的 Matlab 程序为

```
f2 =[ -1, -6]';
a =[3 2;2 6];
b =[12;22];
aeq =[ ];beq =[ ];
lb =[0; 0];ub =[ ];
[x,fval] = linprog(f2,a,b,aeq,beq,lb,ub)
Optimization terminated.
x =
    0.0000
    3.6667
fval =
  -22.0000
```

即最优解为 22

于是得到理想点(20,22)。

然后求如下模型的最优解:

$$\min F(x) = \sqrt{[f_1(x) - 20]^2 + [f_2(x) - 22]^2}$$

$$\begin{cases} 3x_1 + 2x_2 \leqslant 12 \\ 2x_1 + 6x_2 \leqslant 22 \\ x_1 \geqslant 0, x_2 \geqslant 0 \end{cases}$$

输入

```
a =[3 2;2 6];
b =[12;22];
aeq =[ ];beq =[ ];
```

```
lb=[0; 0];ub=[];
    x0=[1;1];
    x=fmincon('((4*x(1)+4*x(2)-20)^2+(x(1)+6*x(2)-22)^2)^(1/2)',
x0,a,b,aeq,beq,lb,ub)
x =
    1.7534
    3.0822
```

则对应的目标值分别为 $f_1(x)=19.3424$，$f_2(x)=20.2466$。

习题五

1. (1)输入：

```
a=[7 4;3 6];
[x0,u]=linprog(ones(1,2),-a',-ones(2,1),[],[],zeros(2,1));
x=x0/u,u=1/u
[y0,v]=linprog(-ones(1,2),a,ones(2,1),[],[],zeros(2,1));
y0=y0/(-v),v=1/(-v)
```

输出：

```
x =
    0.5000
    0.5000
u =
    5.0000
y0 =
    0.3333
    0.6667
v =
    5.0000
```

(2) 输入：

```
a=[2 2 5;4 2 2;2 8 2];
[x0,u]=linprog(ones(1,3),-a',-ones(3,1),[],[],zeros(3,1));
x=x0/u,u=1/u
[y0,v]=linprog(-ones(1,3),a,ones(3,1),[],[],zeros(3,1));
y0=y0/(-v),v=1/(-v)
```

输出：

```
x =
    0.3333
    0.5000
    0.1667
u =
    3.0000
y0 =
    0.5000
    0.1667
    0.3333
```

```
v = 3.0000
```

2. (1)输入:

```
a =[0 -2 1;1 -1 -2;0 3 0];
b =3;
a =a +b * ones(3);
[x0,u] =linprog(ones(1,3), -a', -ones(3,1),[],[],zeros(3,1));
x =x0 /u,u =1 /u -b
[y0,v] =linprog( -ones(1,3),a,ones(3,1),[],[],zeros(3,1));
y0 =y0 /( -v),v =1 /( -v) -b
```

输出:

```
x =
  0.4500
    0.1500
    0.4000
u =
    0.1500
Optimization terminated.
y0 =
    0.7000
    0.0500
    0.2500
v =
    0.1500
```

(2) 输入:

```
a =[3 -3 -1; -3 1 1;1 -1 -1];
b =4;
a =a +b * ones(3);
[x0,u] =linprog(ones(1,3), -a', -ones(3,1),[],[],zeros(3,1));
x =x0 /u,u =1 /u -b
[y0,v] =linprog( -ones(1,3),a,ones(3,1),[],[],zeros(3,1));
y0 =y0 /( -v),v =1 /( -v) -b
```

输出:

```
x =
    0.0000
    0.3333
    0.6667
u =
   -0.3333
Optimization terminated.
y0 =
    0.3333
    0.6474
    0.0193
v =
   -0.3333
```

3. 解:

A 的赢得 \ B 的策略 / A 的策略	$\beta_1(10)$	$\beta_2(5)$	$\beta_3(1)$
$\alpha_1(10)$	-10	5	1
$\alpha_2(5)$	10	-5	-5
$\alpha_3(1)$	10	-1	-1

解 1:显然该矩阵对策没有鞍点解,下面求其混合策略。

A 的赢得矩阵:

$$\boldsymbol{A}=\begin{bmatrix}-10 & 5 & 1\\ 10 & -5 & -5\\ 10 & -1 & -1\end{bmatrix}$$

矩阵的每个元素都加上 10 得到:

$$\boldsymbol{A}'=\begin{bmatrix}0 & 15 & 11\\ 20 & 5 & 5\\ 20 & 9 & 9\end{bmatrix}$$

建立线性规划模型如下:

$$\min \quad x_1+x_2+x_3$$

$$\begin{cases}20x_2+20x_3\geqslant 1\\ 15x_1+5x_2+9x_3\geqslant 1\\ 11x_1+5x_2+9x_3\geqslant 1\\ x_1,x_2,x_3\geqslant 0\end{cases}$$

输入:

```
c=[1 1 1];
A=[0 -20 -20;-15 -5 -9;-11 -5 -9];
b=[-1 -1 -1];
lb=[0 0 0];
[x,fval]=linprog(c,A,b,[],[],lb,[])
```

输出:

```
x =
    0.0500
    0.0000
    0.0500
fval =
    0.1000
```

即原问题得解为 $X^*=\left(\frac{1}{2},0,\frac{1}{2}\right)$

值为 $V=10-10=0$

故对 A、B 双方是公平的。

解 2:输入:

```
a=[-10  5 1;10 -5 -5;10 -1 -1];
b=10;
a=a+b*ones(3);
```

```
[x0,u] = linprog(ones(1,3), - a', - ones(3,1),[],[],zeros(3,1));
x = x0/u,u = 1/u - b
[y0,v] = linprog( - ones(1,3),a,ones(3,1),[],[],zeros(3,1));
y0 = y0/( - v),v = 1/( - v) - b
```

习题六

1.

产品 / 台数 / 年份	A	B	利润
第一年	0	1000	17482
第二年	0	900	13482
第三年	810	0	9882
第四年	648	0	5832
第五年	518	0	2590
合计			49268

2. 甲工人去完成 B 工作,乙工人去完成 A 工作,丙工人去完成 C 工作,丁工人去完成 D 工作,可使消耗总时间最小,最小为 70。

3. 两种方案:第一种 $E1$ 备 2 个,$E2$ 备 3 个,$E3$ 不备;第二种 $E1$ 不备,$E2$ 备 3 个,$E3$ 备 1 个。

习题七

购买第三种手机。

习题八

1. G 中有 9 个节点。

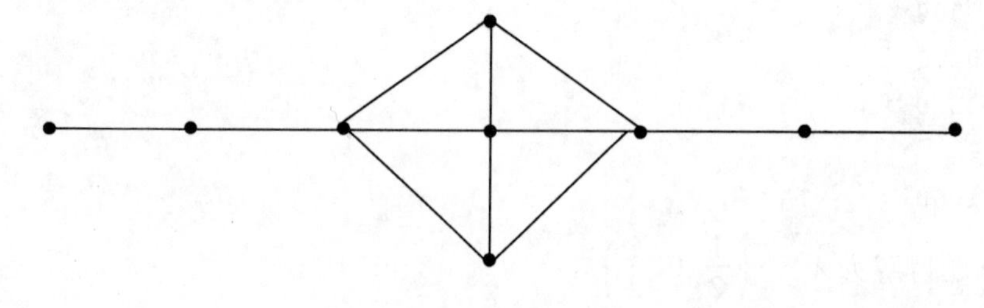

或

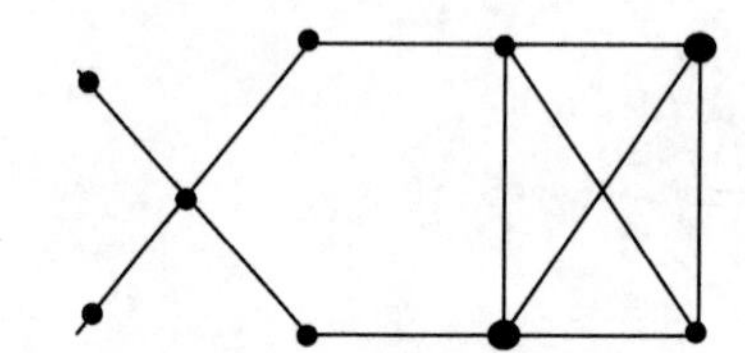

2. 0 25 23 32 10 17 31 42

3. (1) 不能; (2) 能

4. T =

```
4  1  3  1
5  4  5  2
```

其中,T 每列两元素是最小生成树一条边两顶点的序号。

习题九

2011 年的工作质量略好于 2012 年。

习题十

1. 738 人。
2. 1.923 亿 kWh。
3. 2008 年、2009 年、2015 年的最好成绩分别为 11.30s、11.24s、10.94s.
4. 8.60‰。
5. 5538 人。
6. 126350 亿元。

习题十一

1.

```
P=[-0.5 -0.5 0.3 0;-0.5 0.5 -0.5 1];
T=[1 1 0 0];
net=newp([-1 1;-1 1],1);
handle=plotpc(net.iw{1},net.b{1});
net.trainParam.epochs=10;
net=train(net,P,T);
Y=sim(net,P);
figure;
plotpv(P,Y);
handle=plotpc(net.iw{1},net.b{1},handle)
```

2.

```
P=[-1 -0.5 0.3 -0.1; -0.5 0.5 -0.5 1.0];
T=[1 1 0 0];
net=newp(minmax(P),1);
net.trainParam.enochs=10;
net=train(net,P,T)
figure;
```

```
plotpv(P,T)
plotpc(net.iw{1},net.b{1});
```

3.
```
P=[0.5152 0.8173 1.0000;
0.8173 1.0000 0.7308;
1.0000 0.7308 0.1390;
0.7308 0.1390 0.1087;
0.1390 0.1087 0.3520;
0.1087 0.3520 0.0000]';
T=[0.7308 0.1390 0.1087 0.3520 0.0000 0.3761];
net=newff([0 1;0 1;0 1],[5,1],{'tansig','logsig'},'traingd');
net.trainParam.epochs=1000;
net.trainParam.goal=0.01;
net.trainParam.lr=0.2;
net=train(net,P,T);
Y=sim(net,P);
plot(Y,'d','MarkerFaceColor','r','MarkerSize',8);
hold on
plot(T,'s','MarkerEdgeColor','k','MarkerFaceColor','g','MarkerSize',8);
title('用前3个月销售量预测第4个月销售量销售图');
legend('药品实际销售量','药品预测销售量');
```

4. 8 皇后问题解的个数为 92

参考文献

[1] 周义仓,曹慧,肖燕妮．差分方程及其应用．北京:科学出版社,2014.

[2] 吴晓刚．高级回归分析．上海:格致出版社．2011.

[3] 姚恩瑜,何勇．数学规划与组合优化．浙江:浙江大学出版社,2001.

[4] 谢金星,薛毅．优化建模 LINDO/LINGO 软件．北京:清华大学出版社,2015.

[5] 龚纯,王正林．精通 MATLAB 最优化计算．北京:电子工业出版社,2014.

[6] 朱德通．最优化模型与实验．上海:同剂大学大学出版社,2003.

[7] 何坚勇．运筹学基础．北京:清华大学出版社,2000.

[8] 姜启源,等．大学数学实验．北京:清华大学出版社,2010.

[9] 戴朝寿,孙世良．数学建模简明教程．北京:高等教育出版社,2007.

[10] 韩中庚．数学建模方法及其应用．北京:高等教育出版社,2005.

[11] 张立军,任英华．多元统计分析实验．北京:中国统计出版社,2009.

[12] 薛山,MATLAB2012 简明教程．北京:清华大学出版社,2013.

[13] 王则柯,李杰．博弈论教程．北京:中国人民大学出版社,2004.

[14] 王维生．博弈论与经济．北京:高等教育出版社,2007.

[15] 丁石孙,张祖贵．数学与教育．大连:大连理工大学出版社,2008.